Aprender

Eureka Math®
4.º grado
Módulo 5

Publicado por Great Minds®.

Copyright © 2019 Great Minds®.

Impreso en los EE. UU.
Este libro puede comprarse en la editorial en eureka-math.org.
3 4 5 6 7 8 9 10 CCD 24 23 22

ISBN 978-1-64054-993-7

G4-SPA-M5-L-05.2019

Aprender • Practicar • Triunfar

Los materiales del estudiante de *Eureka Math®* para *Una historia de unidades™* (K–5) están disponibles en la trilogía *Aprender, Practicar, Triunfar*. Esta serie apoya la diferenciación y la recuperación y, al mismo tiempo, permite la accesibilidad y la organización de los materiales del estudiante. Los educadores descubrirán que la trilogía *Aprender, Practicar y Triunfar* también ofrece recursos consistentes con la Respuesta a la intervención (RTI, por sus siglas en inglés), las prácticas complementarias y el aprendizaje durante el verano que, por ende, son de mayor efectividad.

Aprender

Aprender de *Eureka Math* constituye un material complementario en clase para el estudiante, a través del cual pueden mostrar su razonamiento, compartir lo que saben y observar cómo adquieren conocimientos día a día. *Aprender* reúne el trabajo en clase—la Puesta en práctica, los Boletos de salida, los Grupos de problemas, las plantillas—en un volumen de fácil consulta y al alcance del usuario.

Practicar

Cada lección de *Eureka Math* comienza con una serie de actividades de fluidez que promueven la energía y el entusiasmo, incluyendo aquellas que se encuentran en *Practicar* de *Eureka Math*. Los estudiantes con fluidez en las operaciones matemáticas pueden dominar más material, con mayor profundidad. En *Practicar*, los estudiantes adquieren competencia en las nuevas capacidades adquiridas y refuerzan el conocimiento previo a modo de preparación para la próxima lección.

En conjunto, *Aprender* y *Practicar* ofrecen todo el material impreso que los estudiantes utilizarán para su formación básica en matemáticas.

Triunfar

Triunfar de *Eureka Math* permite a los estudiantes trabajar individualmente para adquirir el dominio. Estos grupos de problemas complementarios están alineados con la enseñanza en clase, lección por lección, lo que hace que sean una herramienta ideal como tarea o práctica suplementaria. Con cada grupo de problemas se ofrece una Ayuda para la tarea, que consiste en un conjunto de problemas resueltos que muestran, a modo de ejemplo, cómo resolver problemas similares.

Los maestros y los tutores pueden recurrir a los libros de *Triunfar* de grados anteriores como instrumentos acordes con el currículo para solventar las deficiencias en el conocimiento básico. Los estudiantes avanzarán y progresarán con mayor rapidez gracias a la conexión que permiten hacer los modelos ya conocidos con el contenido del grado escolar actual del estudiante.

Estudiantes, familias y educadores:

Gracias por formar parte de la comunidad de *Eureka Math®*, donde celebramos la dicha, el asombro y la emoción que producen las matemáticas.

En las clases de *Eureka Math* se activan nuevos conocimientos a través del diálogo y de experiencias enriquecedoras. A través del libro *Aprender* los estudiantes cuentan con las indicaciones y la sucesión de problemas que necesitan para expresar y consolidar lo que aprendieron en clase.

¿Qué hay dentro del libro Aprender?

Puesta en práctica: la resolución de problemas en situaciones del mundo real es un aspecto cotidiano de *Eureka Math*. Los estudiantes adquieren confianza y perseverancia mientras aplican sus conocimientos en situaciones nuevas y diversas. El currículo promueve el uso del proceso LDE por parte de los estudiantes: Leer el problema, Dibujar para entender el problema y Escribir una ecuación y una solución. Los maestros son facilitadores mientras los estudiantes comparten su trabajo y explican sus estrategias de resolución a sus compañeros/as.

Grupos de problemas: una minuciosa secuencia de los Grupos de problemas ofrece la oportunidad de trabajar en clase en forma independiente, con diversos puntos de acceso para abordar la diferenciación. Los maestros pueden usar el proceso de preparación y personalización para seleccionar los problemas que son «obligatorios» para cada estudiante. Algunos estudiantes resuelven más problemas que otros; lo importante es que todos los estudiantes tengan un período de 10 minutos para practicar inmediatamente lo que han aprendido, con mínimo apoyo de la maestra.

Los estudiantes llevan el Grupo de problemas con ellos al punto culminante de cada lección: la Reflexión. Aquí, los estudiantes reflexionan con sus compañeros/as y el maestro, a través de la articulación y consolidación de lo que observaron, aprendieron y se preguntaron ese día.

Boletos de salida: a través del trabajo en el Boleto de salida diario, los estudiantes le muestran a su maestra lo que saben. Esta manera de verificar lo que entendieron los estudiantes ofrece al maestro, en tiempo real, valiosas pruebas de la eficacia de la enseñanza de ese día, lo cual permite identificar dónde es necesario enfocarse a continuación.

Plantillas: de vez en cuando, la Puesta en práctica, el Grupo de problemas u otra actividad en clase requieren que los estudiantes tengan su propia copia de una imagen, de un modelo reutilizable o de un grupo de datos. Se incluye cada una de estas plantillas en la primera lección que la requiere.

¿Dónde puedo obtener más información sobre los recursos de Eureka Math?

El equipo de Great Minds® ha asumido el compromiso de apoyar a estudiantes, familias y educadores a través de una biblioteca de recursos, en constante expansión, que se encuentra disponible en eureka-math.org. El sitio web también contiene historias exitosas e inspiradoras de la comunidad de *Eureka Math*. Comparte tus ideas y logros con otros usuarios y conviértete en un Campeón de *Eureka Math*.

¡Les deseo un año colmado de momentos "¡ajá!"!

Jill Diniz

Jill Diniz
Directora de matemáticas
Great Minds®

El proceso de Leer-Dibujar-Escribir

El programa de *Eureka Math* apoya a los estudiantes en la resolución de problemas a través de un proceso simple y repetible que presenta la maestra. El proceso Leer-Dibujar-Escribir (LDE) requiere que los estudiantes

1. Lean el problema.

2. Dibujen y rotulen.

3. Escriban una ecuación.

4. Escriban un enunciado (afirmación).

Se procura que los educadores utilicen el andamiaje en el proceso, a través de la incorporación de preguntas tales como

- ¿Qué observas?

- ¿Puedes dibujar algo?

- ¿Qué conclusiones puedes sacar a partir del dibujo?

Cuánto más razonen los estudiantes a través de problemas con este enfoque sistemático y abierto, más interiorizarán el proceso de razonamiento y lo aplicarán instintivamente en el futuro.

Contenido

Módulo 5: Equivalencia de fracciones, clasificación y operaciones

Usa las tijeras para cortar una tarjeta de índice por las rectas diagonales. Confirma que hayas cortado el rectángulo en 4 cuartos. Incluye un dibujo en tu explicación.

_____

_____

_____

_____

Lee　　　**Dibuja**　　　**Escribe**

Lección 1:　　Descomponer fracciones en una suma de fracciones unitarias usando diagramas de cintas.

© 2019 Great Minds®. eureka-math.org

1

Nombre _____   Fecha _____

1. Dibuja un enlace numérico y escribe un enunciado numérico que coincida con cada diagrama de cintas. El primer ejercicio ya está resuelto.

a.

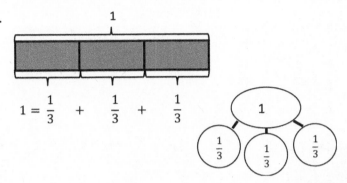

$$1 = \frac{1}{3} + \frac{1}{3} + \frac{1}{3}$$

b.

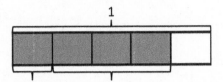

c.

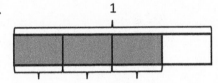

d.

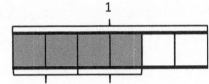

e.

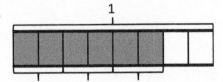

f.

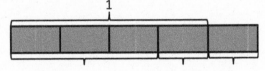

EUREKA MATH

Lección 1:   Descomponer fracciones en una suma de fracciones unitarias usando diagramas de cintas.

© 2019 Great Minds®. eureka-math.org

3

g.

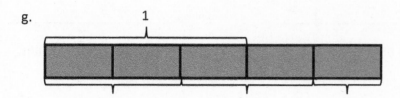

h.

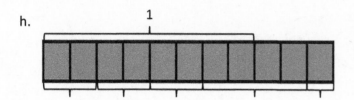

2. Dibuja y marca diagramas de cinta para representar cada descomposición.

a. $1 = \frac{1}{6} + \frac{1}{6} + \frac{1}{6} + \frac{1}{6} + \frac{1}{6} + \frac{1}{6}$

b. $\frac{4}{5} = \frac{1}{5} + \frac{2}{5} + \frac{1}{5}$

c. $\frac{7}{8} = \frac{3}{8} + \frac{3}{8} + \frac{1}{8}$

d. $\frac{11}{8} = \frac{7}{8} + \frac{1}{8} + \frac{3}{8}$

Lección 1: Descomponer fracciones en una suma de fracciones unitarias usando diagramas de cintas.

EUREKA MATH

e. $\frac{12}{10} = \frac{6}{10} + \frac{4}{10} + \frac{2}{10}$

f. $\frac{15}{12} = \frac{8}{12} + \frac{3}{12} + \frac{4}{12}$

g. $1\frac{2}{3} = 1 + \frac{2}{3}$

h. $1\frac{5}{8} = 1 + \frac{1}{8} + \frac{1}{8} + \frac{3}{8}$

Lección 1:   Descomponer fracciones en una suma de fracciones unitarias usando
              diagramas de cintas.

© 2019 Great Minds®. eureka-math.org

5

Nombre _____   Fecha _____

1. Completa el enlace numérico y escribe el enunciado numérico que coincida con el diagrama de cinta.

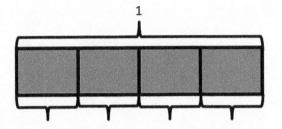

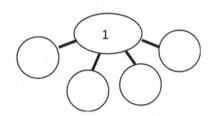

2. Dibuja y marca diagramas de cinta para representar cada enunciado numérico.

a. $1 = \frac{1}{5} + \frac{1}{5} + \frac{1}{5} + \frac{1}{5} + \frac{1}{5}$

b. $\frac{5}{6} = \frac{2}{6} + \frac{2}{6} + \frac{1}{6}$

Lección 1:   Descomponer fracciones en una suma de fracciones unitarias usando
               diagramas de cintas.   7

© 2019 Great Minds®. eureka-math.org

La Sra. Salcido cortó un pequeño pastel de cumpleaños en 6 rebanadas iguales para 6 niños. Un niño no tenía hambre y le dio una rebanada extra al niño que cumplía años. Dibuja un diagrama de cinta que muestre cuánto pastel recibió cada uno de los cinco niños.

_____

_____

_____

Lee　　　**Dibuja**　　　**Escribe**

Lección 2:　　Descomponer fracciones en una suma de fracciones unitarias usando diagramas de cintas.

© 2019 Great Minds®. eureka-math.org

9

Nombre _____ Fecha _____

1. Paso 1: Dibuja y sombrea un diagrama de cinta para la fracción proporcionada.
   Paso 2: Registra la descomposición como una suma de fracciones unitarias.
   Paso 3: Registra la descomposición de la fracción en otras dos maneras.
   (El primer ejemplo ya está resuelto).

a. $\frac{5}{8}$

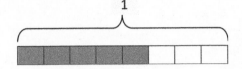

$$\frac{5}{8} = \frac{1}{8} + \frac{1}{8} + \frac{1}{8} + \frac{1}{8} + \frac{1}{8}$$ $$\frac{5}{8} = \frac{2}{8} + \frac{2}{8} + \frac{1}{8}$$ $$\frac{5}{8} = \frac{2}{8} + \frac{1}{8} + \frac{1}{8} + \frac{1}{8}$$

b. $\frac{9}{10}$

c. $\frac{3}{2}$

Lección 2:   Descomponer fracciones en una suma de fracciones unitarias usando diagramas de cintas.

11

© 2019 Great Minds®. eureka-math.org

2. Paso 1: Dibuja y sombrea un diagrama de cinta para la fracción proporcionada.

Paso 2: Registra la descomposición de la fracción en tres maneras diferentes usando enunciados numéricos.

a. $\frac{7}{8}$

b. $\frac{5}{3}$

c. $\frac{7}{5}$

d. $1\frac{1}{3}$

Lección 2:   Descomponer fracciones en una suma de fracciones unitarias usando diagramas de cintas.

EUREKA MATH

Nombre _____   Fecha _____

Paso 1: Dibuja y sombrea un diagrama de cinta para la fracción proporcionada.

Paso 2: Registra la descomposición de la fracción en tres maneras diferentes usando enunciados numéricos.

$\frac{4}{7}$

La Sra. Beach preparó copias para los 4 grupos de lectura. Hizo 6 copias para cada grupo. ¿Cuántas copias hizo la Sra. Beach?

   a. Dibuja un diagrama de cinta.

   b. Escribe un enunciado de suma y uno de multiplicación para resolver el problema.

Lee   **Dibuja**   **Escribe**

Lección 3:   Descomponer fracciones no unitarias y representarlas como la multiplicación
de un número entero por una fracción unitaria usando diagramas de cintas.

15

© 2019 Great Minds®. eureka-math.org

c. ¿Qué fracción de las copias se necesitan para 3 grupos? Para mostrar eso, sombrea el diagrama de cinta.

Lee   **Dibuja**   **Escribe**

Lección 3: Descomponer fracciones no unitarias y representarlas como la multiplicación de un número entero por una fracción unitaria usando diagramas de cintas.

© 2019 Great Minds®. eureka-math.org

EUREKA
MATH

Nombre _____   Fecha _____

1. Descompón cada fracción representada por un diagrama de cinta como una suma de fracciones unitarias. Escribe el enunciado de multiplicación equivalente. El primer ejercicio ya está resuelto.

a.

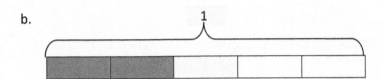

$$\frac{3}{4} = \frac{1}{4} + \frac{1}{4} + \frac{1}{4} \qquad \frac{3}{4} = 3 \times \frac{1}{4}$$

b.

c.

d.

e.

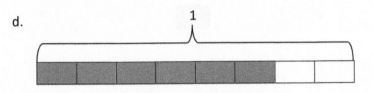

Lección 3: Descomponer fracciones no unitarias y representarlas como la multiplicación de un número entero por una fracción unitaria usando diagramas de cintas.

17

2. Escribe las siguientes fracciones mayores que 1 como la suma de dos productos.

a.

b.

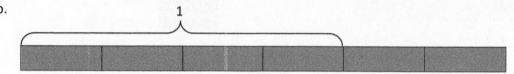

3. Dibuja un diagrama de cinta y registra la descomposición de la fracción proporcionada en fracciones unitarias como un enunciado de multiplicación.

a. $\frac{4}{2}$

b. $\frac{5}{8}$

c. $\frac{7}{9}$

d. $\frac{7}{4}$

e. $\frac{7}{6}$

Lección 3:   Descomponer fracciones no unitarias y representarlas como la multiplicación
de un número entero por una fracción unitaria usando diagramas de cintas.

EUREKA
MATH

Nombre _____   Fecha _____

1. Descompón cada fracción representada por un diagrama de cinta como una suma de fracciones unitarias. Escribe el enunciado de multiplicación equivalente.

   a.

   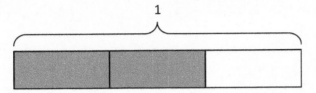

   b.

   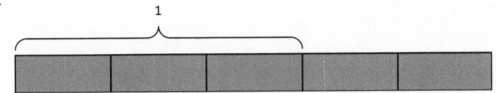

2. Dibuja un diagrama de cinta y registra la descomposición de la fracción proporcionada en fracciones unitarias como un enunciado de multiplicación.

   $$\frac{6}{9}$$

EUREKA MATH

Lección 3:   Descomponer fracciones no unitarias y representarlas como la multiplicación de un número entero por una fracción unitaria usando diagramas de cintas.

19

© 2019 Great Minds®. eureka-math.org

Una receta pide $\frac{3}{4}$ de taza de leche. Saisha solo tiene una taza medidora de $\frac{1}{4}$ de taza. Si duplica la receta, ¿cuántas veces va a tener que llenar la taza de $\frac{1}{4}$ con leche? Dibuja un diagrama de cinta y registra un enunciado de multiplicación.

Lee   **Dibuja**   **Escribe**

Lección 4:   Descomponer fracciones en sumas de fracciones unitarias menores
             usando diagramas de cinta.

21

EUREKA MATH®

Nombre _____   Fecha _____

1. La longitud total de cada diagrama de cintas representa 1. Descompón las fracciones unitarias sombreadas como la suma de fracciones unitarias menores en al menos dos maneras diferentes. El primer ejercicio ya está resuelto.

a.

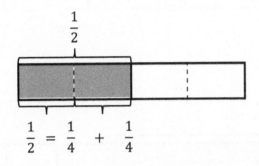

$$\frac{1}{2} = \frac{1}{4} + \frac{1}{4}$$

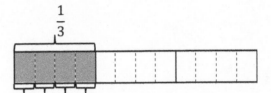

$$\frac{1}{2} = \frac{1}{8} + \frac{1}{8} + \frac{1}{8} + \frac{1}{8}$$

b.

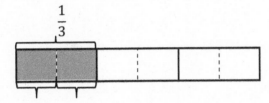

c.

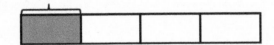

d.

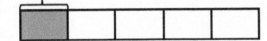

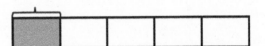

Lección 4:   Descomponer fracciones en sumas de fracciones unitarias menores usando diagramas de cinta.

23

2. La longitud total de cada diagrama de cintas representa 1. Descompón las fracciones unitarias sombreadas como la suma de fracciones unitarias menores en al menos dos maneras diferentes.

a.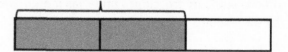

b.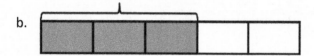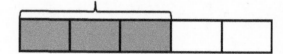

3. Dibuja y marca diagramas de cintas para demostrar las siguientes afirmaciones. El primer ejercicio ya está resuelto.

a. $\frac{2}{5} = \frac{4}{10}$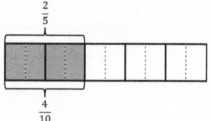

b. $\frac{2}{6} = \frac{4}{12}$

EUREKA MATH®

c. $\frac{3}{4} = \frac{6}{8}$

d. $\frac{3}{4} = \frac{9}{12}$

4. Muestra que $\frac{1}{2}$ es equivalente a $\frac{4}{8}$ usando un diagrama de cintas y un enunciado numérico.

5. Muestra que $\frac{2}{3}$ es equivalente a $\frac{6}{9}$ usando un diagrama de cintas y un enunciado numérico.

6. Muestra que $\frac{4}{6}$ es equivalente a $\frac{8}{12}$ usando un diagrama de cintas y un enunciado numérico.

Lección 4:   Descomponer fracciones en sumas de fracciones unitarias menores
             usando diagramas de cinta.

© 2019 Great Minds®. eureka-math.org

25

Nombre _____   Fecha _____

1. La longitud total del diagrama de cintas representa 1. Descompón la fracción unitaria sombreada como la suma de fracciones unitarias menores en al menos dos maneras diferentes.

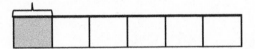   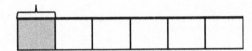

2. Dibuja un diagrama de cintas para demostrar la siguiente afirmación.

$$\frac{2}{3} = \frac{4}{6}$$

Lección 4:   Descomponer fracciones en sumas de fracciones unitarias menores usando diagramas de cinta.

© 2019 Great Minds®. eureka-math.org

27

Se cortó una hogaza de pan en 6 rebanadas iguales. Cada una de las 6 rebanadas se cortó a la mitad para hacer rebanadas más delgadas para sándwiches. El Sr. Beach usó 4 rebanadas. Su hija dijo, "¡Vaya! ¡Usaste $\frac{2}{6}$ de la hogaza!". Su hijo dijo, "No, usó $\frac{4}{12}$". Explica quién está en lo correcto usando un diagrama de cinta.

Lee   **Dibuja**   **Escribe**

EUREKA MATH®

Lección 5:   Descomponer fracciones unitarias usando modelos de área para
mostrar equivalencia.

© 2019 Great Minds®. eureka-math.org

29

Nombre _____   Fecha _____

1. Dibuja líneas horizontales para descomponer cada rectángulo en la cantidad de filas que se indica. Usa la representación para mostrar el área sombreada como la suma de fracciones unitarias y como un enunciado de multiplicación.

   a. 2 filas

   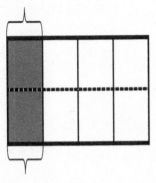

   $$\frac{1}{4} = \frac{2}{}$$

   $$\frac{1}{4} = \frac{1}{8} + \frac{}{} = \frac{}{}$$

   $$\frac{1}{4} = 2 \times \frac{}{} = \frac{}{}$$

   b. 2 filas

   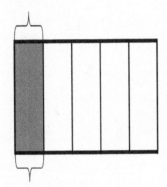

   c. 4 filas

   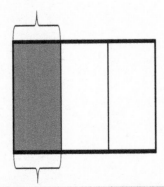

Lección 5:   Descomponer fracciones unitarias usando modelos de área para mostrar equivalencia.

© 2019 Great Minds®. eureka-math.org

31

2. Dibuja modelos de área para mostrar la descomposición representada por los siguientes enunciados numéricos. Representa la descomposición como una suma de fracciones unitarias y como un enunciado de multiplicación.

a. $\frac{1}{2} = \frac{3}{6}$

b. $\frac{1}{2} = \frac{4}{8}$

c. $\frac{1}{2} = \frac{5}{10}$

d. $\frac{1}{3} = \frac{2}{6}$

e. $\frac{1}{3} = \frac{4}{12}$

f. $\frac{1}{4} = \frac{3}{12}$

3. Explica por qué $\frac{1}{12} + \frac{1}{12} + \frac{1}{12}$ es lo mismo que $\frac{1}{4}$.

Lección 5:   Descomponer fracciones unitarias usando modelos de área para mostrar equivalencia.

EUREKA MATH®

Nombre _____   Fecha _____

1. Dibuja líneas horizontales para descomponer cada rectángulo en la cantidad de filas que se indica.
    Usa la representación para mostrar el área sombreada como la suma de fracciones unitarias y como
    un enunciado de multiplicación.

    a. 2 filas

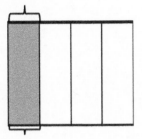

    b. 3 filas

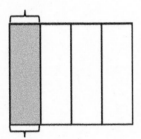

2. Dibuja un modelo de área para mostrar la descomposición representada en el siguiente enunciado
    numérico. Representa la descomposición como una suma de fracciones unitarias y como un enunciado
    multiplicación.

    $$\frac{3}{5} = \frac{6}{10}$$

Lección 5:   Descomponer fracciones unitarias usando modelos de área para
              mostrar equivalencia.

© 2019 Great Minds®. eureka-math.org

33

Usa modelos de área para demostrar que $\frac{1}{2} = \frac{2}{4} = \frac{4}{8}$, $\frac{1}{2} = \frac{3}{6} = \frac{6}{12}$ y $\frac{1}{2} = \frac{5}{10}$. ¿Qué conclusión puedes sacar acerca $\frac{4}{8}$, $\frac{6}{12}$ y $\frac{5}{10}$? Explica.

_____

_____

_____

_____

Lee   **Dibuja**   **Escribe**

Lección 6:   Descomponer fracciones usando modelos de área para mostrar la equivalencia.

© 2019 Great Minds®. eureka-math.org

35

Nombre _____   Fecha _____

1. Cada rectángulo representa 1. Dibuja líneas horizontales para descomponer cada rectángulo en las unidades fraccionarias que se indica. Usa la representación para mostrar el área sombreada como la suma y el producto de fracciones unitarias. Usa paréntesis para mostrar la relación entre los enunciados numéricos. El primer ejemplo está resuelto parcialmente.

a. Sextos

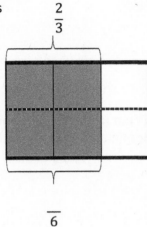

$$\frac{2}{3} = \frac{4}{-}$$

$$\frac{}{3} + \frac{}{3} = \left(\frac{1}{6} + \frac{1}{6}\right) + \left(\frac{1}{6} + \frac{1}{6}\right) = \frac{4}{-}$$

$$\left(\frac{1}{6} + \frac{1}{6}\right) + \left(\frac{1}{6} + \frac{1}{6}\right) = \left(2 \times \frac{}{-}\right) + \left(2 \times \frac{}{-}\right) = \frac{4}{-}$$

$$\frac{2}{3} = 4 \times \frac{}{-} = \frac{4}{-}$$

b. Décimas

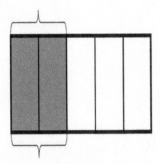

EUREKA
MATH®

Lección 6:   Descomponer fracciones usando modelos de área para mostrar la equivalencia.

© 2019 Great Minds®. eureka-math.org

37

c. Doceavos

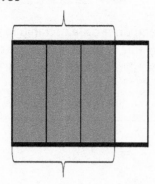

2. Dibuja modelos de área para mostrar la descomposición representada por los siguientes enunciados numéricos. Expresa cada uno como la suma y el producto de fracciones unitarias. Usa paréntesis para mostrar la relación entre los enunciados numéricos.

a. $\frac{3}{5} = \frac{6}{10}$

b. $\frac{3}{4} = \frac{6}{8}$

Lección 6:   Descomponer fracciones usando modelos de área para mostrar la equivalencia.

EUREKA MATH

3. Paso 1: Dibuja un modelo de área para una fracción con unidades de tercios, cuartos y quintos.

   Paso 2: Sombrea más de una unidad fraccionaria.

   Paso 3: Divide el modelo de área otra vez para encontrar una fracción equivalente.

   Paso 4: Escribe las fracciones equivalentes como un enunciado numérico. (Si ya escribiste un enunciado numérico igual en este Grupo de problemas, vuelve a empezar).

Lección 6:   Descomponer fracciones usando modelos de área para mostrar la equivalencia.

© 2019 Great Minds®. eureka-math.org

39

Nombre _____   Fecha _____

1. El siguiente rectángulo representa 1. Dibuja líneas horizontales para descomponer el rectángulo en octavos. Usa la representación para mostrar el área sombreada como la suma y el producto de fracciones unitarias. Usa paréntesis para mostrar la relación entre los enunciados numéricos.

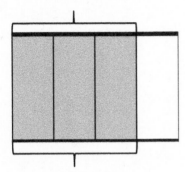

2. Dibuja un modelo de área para mostrar la descomposición representada por el siguiente enunciado numérico.

$$\frac{4}{5} = \frac{8}{10}$$

Lección 6:   Descomponer fracciones usando modelos de área para mostrar la equivalencia.

© 2019 Great Minds®. eureka-math.org

41

Representa una fracción equivalente para $\frac{4}{7}$ usando un modelo de área.

Lee   Dibuja   Escribe

Nombre _____   Fecha _____

Cada rectángulo representa 1.

1. Las fracciones unitarias sombreadas se han descompuesto en unidades más pequeñas. Expresa las fracciones equivalentes en un enunciado numérico usando la multiplicación. El primer ejercicio ya está resuelto.

a.

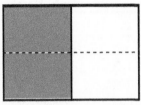

$$\frac{1}{2} = \frac{1 \times 2}{2 \times 2} = \frac{2}{4}$$

b.

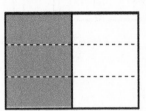

c.

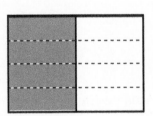

d.

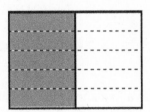

Lección 7:   Usar el modelo de área y la multiplicación para demostrar la equivalencia entre dos fracciones.

45

2. Descompón las fracciones sombreadas en fracciones más pequeñas usando los modelos de área. Expresa las fracciones equivalentes en un enunciado numérico usando la multiplicación.

a.

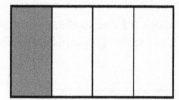

b.

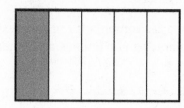

c.

d.

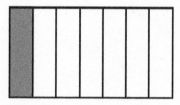

e. ¿Qué le pasó al tamaño de las unidades fraccionarias cuando descompusiste la fracción?

f. ¿Qué le pasó al total de unidades en el entero cuando descompusiste la fracción?

EUREKA MATH

3. Dibuja tres modelos de área diferentes para representar 1 tercio con sombreado.
   Descompón la fracción sombreada en (a) sextos, (b) novenos y (c) doceavos.
   Usa la multiplicación para mostrar cómo cada fracción es equivalente a 1 tercio.

   a.

   b.

   c.

Lección 7:   Usar el modelo de área y la multiplicación para demostrar la
              equivalencia entre dos fracciones.

© 2019 Great Minds®. eureka-math.org

47

Nombre _____   Fecha _____

Dibuja dos modelos de área diferentes para representar 1 cuarto con sombreado.

Descompón la fracción sombreada en (a) octavos y (b) doceavos.

Usa la multiplicación para mostrar cómo cada fracción es equivalente a 1 cuarto.

a.

b.

Lección 7:   Usar el modelo de área y la multiplicación para demostrar la
equivalencia entre dos fracciones.

© 2019 Great Minds®. eureka-math.org

49

Saisha le dio a su hermano menor, Lucas, parte de su barra de chocolate que aparece aquí abajo.

Él dijo: "Gracias por los $\frac{3}{12}$ de la barra". Saisha le respondió: "No, te di $\frac{1}{4}$ de la barra". Explica por qué los dos, Lucas y Saisha, están en lo correcto.

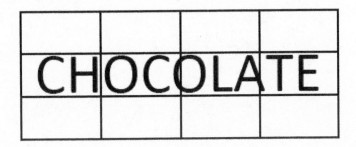

_____

_____

_____

_____

Lee   Dibuja   Escribe

Nombre _____ Fecha _____

Cada rectángulo representa 1.

1. Las fracciones sombreadas se han descompuesto en unidades más pequeñas. Expresa las fracciones equivalentes en un enunciado numérico usando la multiplicación. El primer ejercicio ya está resuelto.

a.

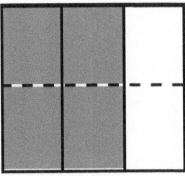

$$\frac{2}{3} = \frac{2 \times 2}{3 \times 2} = \frac{4}{6}$$

b.

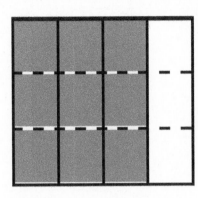

c.

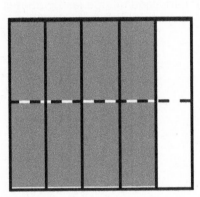

d.

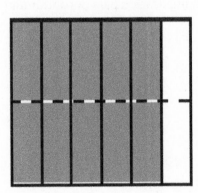

2. Descompón las fracciones sombreadas en fracciones más pequeñas, como se muestra abajo. Expresa las fracciones equivalentes en un enunciado numérico usando la multiplicación.

a. Descompón en décimas.

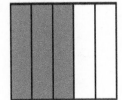

b. Descompón en quinceavos.

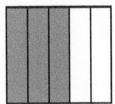

Lección 8:   Usar el modelo de área y la multiplicación para demostrar la equivalencia entre dos fracciones.

53

EUREKA MATH®

3. Dibuja modelos de área para demostrar que los siguientes enunciados numéricos son verdaderos.

a. $\frac{2}{5} = \frac{4}{10}$

b. $\frac{2}{3} = \frac{8}{12}$

c. $\frac{3}{6} = \frac{6}{12}$

d. $\frac{4}{6} = \frac{8}{12}$

4. Usa la multiplicación para encontrar una fracción equivalente para cada una de las siguientes fracciones.

a. $\frac{3}{4}$

b. $\frac{4}{5}$

c. $\frac{7}{6}$

d. $\frac{12}{7}$

5. Determina cuáles de los siguientes enunciados numéricos son verdaderos. Corrige aquellos que sean falsos cambiando el lado derecho del enunciado numérico.

a. $\frac{4}{3} = \frac{8}{9}$

b. $\frac{5}{4} = \frac{10}{8}$

c. $\frac{4}{5} = \frac{12}{10}$

d. $\frac{4}{6} = \frac{12}{18}$

Lección 8:   Usar el modelo de área y la multiplicación para demostrar la equivalencia entre dos fracciones.

EUREKA MATH

Nombre _____   Fecha _____

1. Usa la multiplicación para crear una fracción equivalente para las siguientes fracciones.

$$\frac{2}{5}$$

2. Determina si el siguiente enunciado numérico es verdadero. Si es necesario, corrige el enunciado cambiando el lado derecho del enunciado numérico.

$$\frac{3}{4} = \frac{9}{8}$$

Lección 8:   Usar el modelo de área y la multiplicación para demostrar la equivalencia entre dos fracciones.

© 2019 Great Minds®. eureka-math.org

55

¿Qué fracción de un pie es 1 pulgada? ¿Qué fracción de un pie son 3 pulgadas? (Pista: 12 pulgadas = 1 pie). Dibuja un diagrama de cinta para representar tu trabajo.

_____

_____

_____

Lee   **Dibuja**   **Escribe**

Lección 9:   Usar el modelo de área y la división para demostrar la equivalencia entre dos fracciones.

© 2019 Great Minds®. eureka-math.org

57

Nombre _____   Fecha _____

Cada rectángulo representa 1.

1. Compón las fracciones sombreadas en unidades fraccionarias más grandes. Expresa las fracciones equivalentes en un enunciado numérico usando la división. El primer ejercicio ya está resuelto.

a.

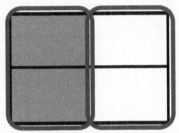

$$\frac{2}{4} = \frac{2 \div 2}{4 \div 2} = \frac{1}{2}$$

b.

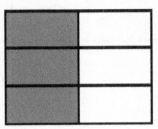

c.

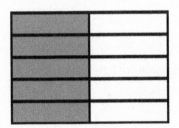

d.

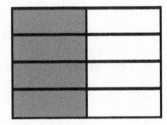

Lección 9:   Usar el modelo de área y la división para demostrar la equivalencia entre dos fracciones.

© 2019 Great Minds®. eureka-math.org

59

2. Compón las fracciones sombreadas en unidades fraccionarias más grandes. Expresa las fracciones equivalentes en un enunciado numérico usando la división.

a.

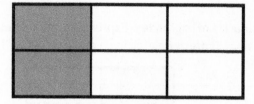

b.

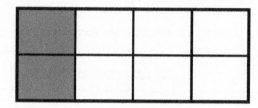

c.

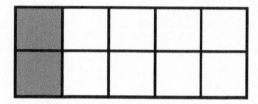

d.

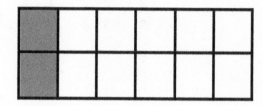

e. ¿Qué pasó con el tamaño de las unidades fraccionarias cuando compusiste la fracción?

f. ¿Qué le pasó a la cantidad de unidades en el total cuando compusiste la fracción?

Lección 9:   Usar el modelo de área y la división para demostrar la equivalencia entre dos fracciones.

EUREKA MATH

3. a. Muestra 2 sextos en el primer modelo de área. Muestra 3 novenos en el segundo modelo de área. Muestra cómo se pueden renombrar las dos fracciones como la misma fracción unitaria.

b. Expresa las fracciones equivalentes en un enunciado numérico usando la división.

4. a. Muestra 2 octavos en el primer modelo de área. Muestra 3 doceavos en el segundo modelo de área. Muestra cómo se pueden componer o renombrar las dos fracciones como la misma fracción unitaria.

b. Expresa las fracciones equivalentes en un enunciado numérico usando la división.

Lección 9:   Usar el modelo de área y la división para demostrar la equivalencia entre dos fracciones.

© 2019 Great Minds®. eureka-math.org

61

Nombre _____ Fecha _____

a. Muestra 2 sextos en el primer modelo de área. Muestra 4 doceavos en el segundo modelo de área. Muestra cómo se pueden componer o renombrar las dos fracciones como la misma fracción unitaria.

b. Expresa las fracciones equivalentes en un enunciado numérico usando la división.

Lección 9: Usar el modelo de área y la división para demostrar la equivalencia entre dos fracciones.

© 2019 Great Minds®. eureka-math.org

63

Nuria gastó $\frac{9}{12}$ de su dinero en un libro y el resto de su dinero en un lápiz.

a. Expresa en cuartos, cuánto de su dinero gastó en el lápiz.

b. Nuria empezó con $1. ¿Cuánto gastó en el lápiz?

Lee   **Dibuja**   **Escribe**

Lección 10:   Usar el modelo de área y la división para demostrar la equivalencia
              entre dos fracciones.

© 2019 Great Minds®. eureka-math.org

Nombre _____   Fecha _____

Cada rectángulo representa 1.

1. Compón las fracciones sombreadas en unidades fraccionarias más grandes. Expresa las fracciones equivalentes en un enunciado numérico usando la división. El primer ejercicio ya está resuelto.

a.
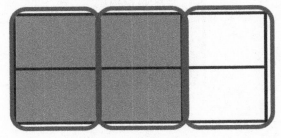

$$\frac{4}{6} = \frac{4 \div 2}{6 \div 2} = \frac{2}{3}$$

b.
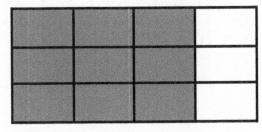

c.
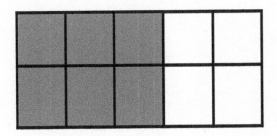

d.
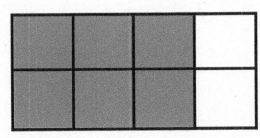

Lección 10:   Usar el modelo de área y la división para demostrar la equivalencia entre dos fracciones.

67

2. Compón las fracciones sombreadas en unidades fraccionarias más grandes. Expresa las fracciones equivalentes en un enunciado numérico usando la división.

a.

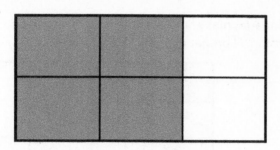

b.

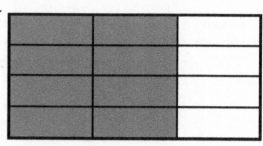

3. Dibuja un modelo de área para representar los siguientes enunciados numéricos.

a. $\frac{4}{10} = \frac{4 \div 2}{10 \div 2} = \frac{2}{5}$

b. $\frac{6}{9} = \frac{6 \div 3}{9 \div 3} = \frac{2}{3}$

Lección 10:   Usar el modelo de área y la división para demostrar la equivalencia entre dos fracciones.

EUREKA MATH

4. Usa la división para renombrar cada una de las siguientes fracciones. Dibuja un modelo de área si te ayuda. Ve si puedes usar el mayor factor común.

a. $\frac{4}{8}$

b. $\frac{12}{16}$

c. $\frac{12}{20}$

d. $\frac{16}{20}$

Lección 10:   Usar el modelo de área y la división para demostrar la equivalencia entre dos fracciones.

© 2019 Great Minds®. eureka-math.org

69

Nombre _____   Fecha _____

Dibuja un modelo de área para mostrar por qué las fracciones son equivalentes. Muestra la equivalencia en un enunciado numérico usando la división.

$$\frac{4}{10} = \frac{2}{5}$$

Lección 10:   Usar el modelo de área y la división para demostrar la equivalencia
entre dos fracciones.

© 2019 Great Minds®. eureka-math.org

71

Kelly estaba horneando pan, pero solo pudo encontrar su taza medidora de $\frac{1}{8}$ de taza. Necesita $\frac{1}{4}$ de taza de azúcar, $\frac{3}{4}$ de taza de harina integral de trigo y $\frac{1}{2}$ taza de harina común. ¿Cuántos $\frac{1}{8}$ de taza va a necesitar de cada ingrediente?

_____

_____

_____

_____

Lee   **Dibuja**   **Escribe**

Lección 11:   Explicar la equivalencia de fracciones usando un diagrama de cinta y la recta numérica y relacionarlas con el uso de la multiplicación y división.

© 2019 Great Minds®. eureka-math.org

73

Nombre _____   Fecha _____

1. Marca cada recta numérica con las fracciones que se muestran en el diagrama de cinta. Encierra en un círculo la fracción que marca el punto en la recta numérica que también identifica la parte sombreada en el diagrama de cinta.

a.

b.

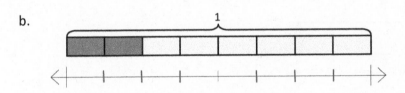

c.

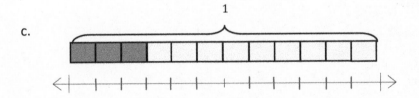

2. Escribe enunciados numéricos usando la multiplicación para mostrar que:

a. La fracción representada en 1(a) es equivalente a la fracción representada en 1(b).

b. La fracción representada en 1(a) es equivalente a la fracción representada en 1(c).

3. Usa cada diagrama de cinta sombreado como una regla para dibujar una recta numérica. Marca cada recta numérica con las unidades fraccionarias que se muestran en el diagrama de cinta y encierra en un círculo la fracción que marca el punto en la recta numérica que también identifica la parte sombreada en el diagrama de cinta.

a.

b.

c.

Lección 11:   Explicar la equivalencia de fracciones usando un diagrama de cinta y la recta numérica y relacionarlas con el uso de la multiplicación y división.
© 2019 Great Minds®. eureka-math.org

EUREKA
MATH

4. Escribe enunciados numéricos usando la división para mostrar que:

   a. La fracción representada en 3(a) es equivalente a la fracción representada en 3(b).

   b. La fracción representada en 3(a) es equivalente a la fracción representada en 3(c).

5. a. Divide en quintos una recta numérica de 0 a 1. Descompón $\frac{2}{5}$ en 4 longitudes iguales.

   b. Escribe un enunciado numérico usando la multiplicación para mostrar qué fracción representada en la recta numérica es equivalente a $\frac{2}{5}$.

   c. Escribe un enunciado numérico usando la división para mostrar qué fracción representada en la recta numérica es equivalente a $\frac{2}{5}$.

Nombre _____   Fecha _____

1. Divide una recta numérica en sextos desde 0 hasta 1. Descompón $\frac{2}{6}$ en 4 longitudes iguales.

2. Escribe un enunciado numérico usando la multiplicación para mostrar qué fracción representada en la recta numérica es equivalente a $\frac{2}{6}$.

3. Escribe un enunciado numérico usando la división para mostrar qué fracción representada en la recta numérica es equivalente a $\frac{2}{6}$.

Lección 11:   Explicar la equivalencia de fracciones usando un diagrama de cinta y la recta numérica y relacionarlas con el uso de la multiplicación y división.

79

Grafica $\frac{1}{4}, \frac{4}{5}$ y $\frac{5}{8}$ en una recta numérica y compara los tres puntos.

Lee   **Dibuja**   **Escribe**

Lección 12: Razonar usando referencias para comparar dos fracciones en una recta numérica.

© 2019 Great Minds®. eureka-math.org

81

Nombre _____   Fecha _____

1. a. Grafica los siguientes puntos en la recta numérica sin medir.

   i. $\frac{1}{3}$ ii. $\frac{5}{6}$ iii. $\frac{7}{12}$

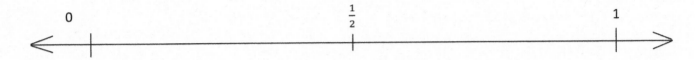

   b. Usa la recta numérica del inciso (a) para comparar las fracciones escribiendo <, > o = en las líneas.

   i. $\frac{7}{12}$ _____ $\frac{1}{2}$ ii. $\frac{7}{12}$ _____ $\frac{5}{6}$

2. a. Grafica los siguientes puntos en la recta numérica sin medir.

   i. $\frac{11}{12}$ ii. $\frac{1}{4}$ iii. $\frac{3}{8}$

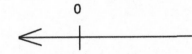

   b. Selecciona dos fracciones del inciso (a) y usa la recta numérica proporcionada para compararlas escribiendo <, >, o =.

   c. Explica cómo graficaste los puntos en el inciso (a).

Lección 12:   Razonar usando referencias para comparar dos fracciones en una recta numérica.

© 2019 Great Minds®. eureka-math.org

EUREKA MATH®   83

3. Compara las fracciones dadas escribiendo < o > en las líneas.

Da una explicación breve de cada respuesta en relación con las referencias $0, \frac{1}{2}$ y 1.

a. $\frac{1}{2}$ _____ $\frac{3}{4}$

b. $\frac{1}{2}$ _____ $\frac{7}{8}$

c. $\frac{2}{3}$ _____ $\frac{2}{5}$

d. $\frac{9}{10}$ _____ $\frac{3}{5}$

e. $\frac{2}{3}$ _____ $\frac{7}{8}$

f. $\frac{1}{3}$ _____ $\frac{2}{4}$

g. $\frac{2}{3}$ _____ $\frac{5}{10}$

h. $\frac{11}{12}$ _____ $\frac{2}{5}$

i. $\frac{49}{100}$ _____ $\frac{51}{100}$

j. $\frac{7}{16}$ _____ $\frac{51}{100}$

Lección 12: Razonar usando referencias para comparar dos fracciones en una recta numérica.

EUREKA MATH

Nombre _____   Fecha _____

1. Grafica los siguientes puntos en la recta numérica sin medir.

a. $\frac{8}{10}$ b. $\frac{3}{5}$ c. $\frac{1}{4}$

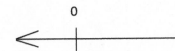

2. Usa la recta numérica del Problema 1 para comparar las fracciones escribiendo <, > 0 = en las líneas.

a. $\frac{1}{4}$ _____ $\frac{1}{2}$

b. $\frac{8}{10}$ _____ $\frac{3}{5}$

c. $\frac{1}{2}$ _____ $\frac{3}{5}$

d. $\frac{1}{4}$ _____ $\frac{8}{10}$

EUREKA MATH   Lección 12:   Razonar usando referencias para comparar dos fracciones en una recta   85
numérica.

© 2019 Great Minds®. eureka-math.org

Puesta en práctica

0            $\frac{1}{2}$ 1

Desarrollo del concepto

1.

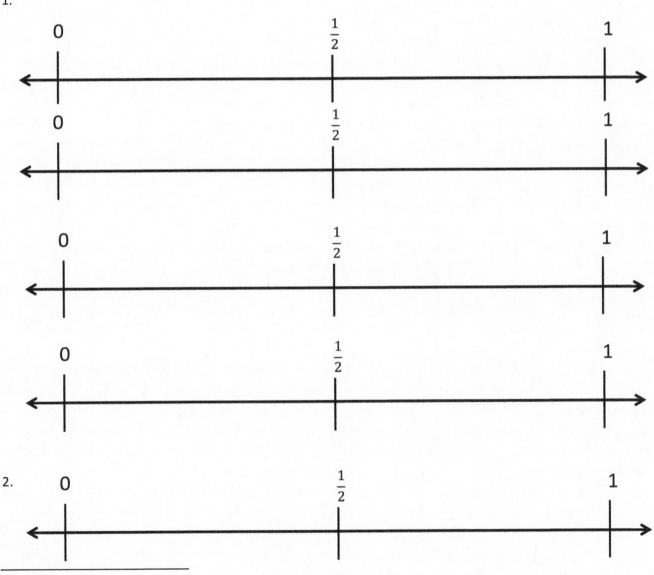

2.

recta numérica

EUREKA MATH®

Lección 12:   Razonar usando referencias para comparar dos fracciones en una recta numérica.

© 2019 Great Minds®. eureka-math.org

El Sr. y la Sra. Reynolds fueron a correr. El Sr. Reynolds corrió $\frac{6}{10}$ de milla. La Sra. Reynolds corrió $\frac{2}{5}$ de milla. ¿Quién corrió más? Explica cómo lo sabes. Usa los puntos de referencia 0, $\frac{1}{2}$ y 1 para explicar tu respuesta.

_____

_____

_____

_____

Lee   **Dibuja**   **Escribe**

Nombre _____   Fecha _____

1. Coloca las siguientes fracciones en la recta numérica proporcionada.

    a. $\frac{4}{3}$ b. $\frac{11}{6}$ c. $\frac{17}{12}$

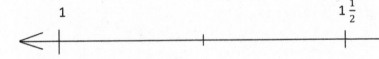

2. Usa la recta numérica del Problema 1 para comparar las fracciones escribiendo <, > o = en las líneas.

    a. $1\frac{5}{6}$ _____ $1\frac{5}{12}$ b. $1\frac{1}{3}$ _____ $1\frac{5}{12}$

3. Coloca las siguientes fracciones en la recta numérica proporcionada.

    a. $\frac{11}{8}$ b. $\frac{7}{4}$ c. $\frac{15}{12}$

4. Usa la recta numérica del Problema 3 para explicar el razonamiento que usaste para determinar si $\frac{11}{8}$ o $\frac{15}{12}$ son mayores.

Lección 13:   Razonar usando referencias para comparar dos fracciones en una recta   91
numérica.

© 2019 Great Minds®. eureka-math.org

5. Compara las fracciones dadas abajo escribiendo < o > en las líneas. Explica brevemente cada respuesta usando las fracciones de referencia.

a. $\frac{3}{8}$ _____ $\frac{7}{12}$

b. $\frac{5}{12}$ _____ $\frac{7}{8}$

c. $\frac{8}{6}$ _____ $\frac{11}{12}$

d. $\frac{5}{12}$ _____ $\frac{1}{3}$

e. $\frac{7}{5}$ _____ $\frac{11}{10}$

f. $\frac{5}{4}$ _____ $\frac{7}{8}$

g. $\frac{13}{12}$ _____ $\frac{9}{10}$

h. $\frac{6}{8}$ _____ $\frac{5}{4}$

i. $\frac{8}{12}$ _____ $\frac{8}{4}$

j. $\frac{7}{5}$ _____ $\frac{16}{10}$

Lección 13:   Razonar usando referencias para comparar dos fracciones en una recta numérica.

EUREKA MATH

Nombre _____   Fecha _____

1. Coloca las siguientes fracciones en la recta numérica proporcionada.

    a. $\frac{5}{4}$ b. $\frac{10}{7}$ c. $\frac{16}{9}$

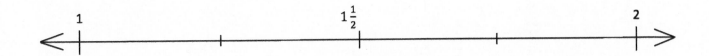

2. Compara las fracciones usando <, >, o =.

    a. $\frac{5}{4}$_____$\frac{10}{7}$ b. $\frac{5}{4}$_____$\frac{16}{9}$ c. $\frac{16}{9}$_____$\frac{10}{7}$

Lección 13:   Razonar usando referencias para comparar dos fracciones en una recta   93
numérica.

© 2019 Great Minds®. eureka-math.org

EUREKA
MATH

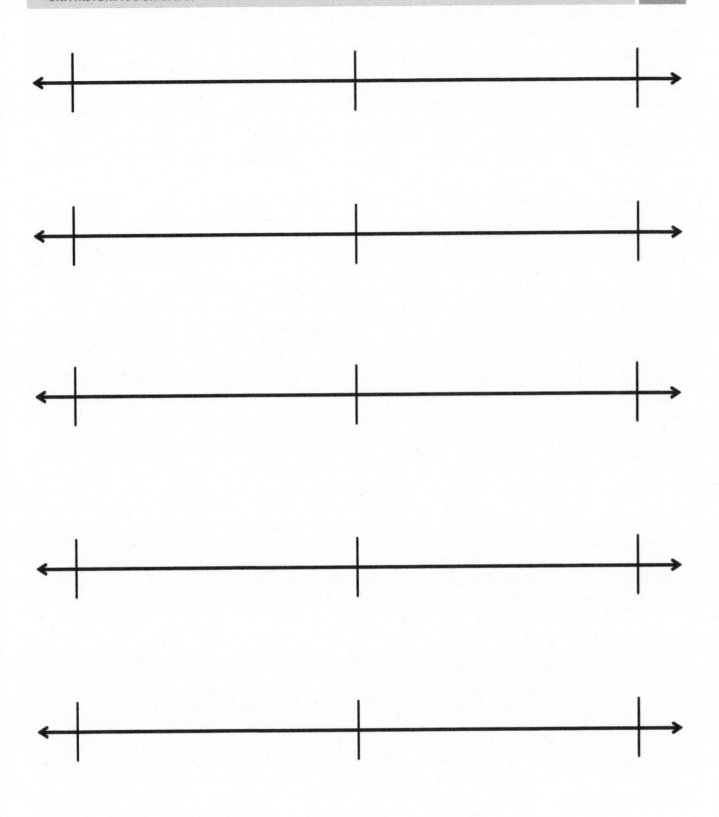

rectas numéricas negras con punto medio

EUREKA MATH

Lección 13:   Razonar usando referencias para comparar dos fracciones en una recta numérica.

© 2019 Great Minds®. eureka-math.org

Compara $\frac{4}{5}, \frac{3}{4}$ y $\frac{9}{10}$ usando <, > o =. Explica tu razonamiento usando un punto de referencia.

_____

_____

_____

_____

Lee   **Dibuja**   **Escribe**

Lección 14: Encontrar unidades o cantidades de unidades comunes para comparar dos fracciones.

© 2019 Great Minds®. eureka-math.org

97

Nombre _____   Fecha _____

1. Compara los pares de fracciones razonando acerca del tamaño de las unidades. Usa >, < o =.

    a. 1 cuarto _____ 1 quinto

    b. 3 cuartos _____ 3 quintos

    c. 1 décima _____ 1 doceavo

    d. 7 décimas _____ 7 doceavos

2. Compara razonando acerca de los siguientes pares de fracciones con numeradores iguales o relacionados. Usa >, < o =. Explica tu razonamiento usando palabras, imágenes o números. El Problema 2(b) ya está resuelto.

    a. $\frac{3}{5}$ _____ $\frac{3}{4}$

    b. $\frac{2}{5} < \frac{4}{9}$

    porque $\frac{2}{5} = \frac{4}{10}$

    4 décimas es menor que 4 novenos porque las décimas son menores los novenos.

    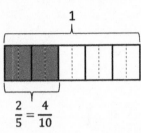

    $\frac{2}{5} = \frac{4}{10}$

    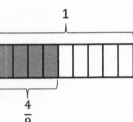

    $\frac{4}{9}$

    c. $\frac{7}{11}$ _____ $\frac{7}{13}$

    d. $\frac{6}{7}$ _____ $\frac{12}{15}$

Lección 14:   Encontrar unidades o cantidades de unidades comunes para comparar dos fracciones.

© 2019 Great Minds®. eureka-math.org

99

3. Dibuja dos diagramas de cinta para representar cada uno de los siguientes pares de fracciones con denominadores relacionados. Usa >, < o = para comparar.

a. $\frac{2}{3}$ _____ $\frac{5}{6}$

b. $\frac{3}{4}$ _____ $\frac{7}{8}$

c. $1\frac{3}{4}$ _____ $1\frac{7}{12}$

Lección 14: Encontrar unidades o cantidades de unidades comunes para comparar dos fracciones.

EUREKA MATH

4. Dibuja una recta numérica para representar cada par de fracciones con denominadores relacionados. Usa >, < o = para comparar.

   a. $\frac{2}{3}$ _____ $\frac{5}{6}$

   b. $\frac{3}{8}$ _____ $\frac{1}{4}$

   c. $\frac{2}{6}$ _____ $\frac{5}{12}$

   d. $\frac{8}{9}$ _____ $\frac{2}{3}$

5. Compara cada par de fracciones usando >, < o =. Si quieres, dibuja una representación.

   a. $\frac{3}{4}$ _____ $\frac{3}{7}$

   b. $\frac{4}{5}$ _____ $\frac{8}{12}$

   c. $\frac{7}{10}$ _____ $\frac{3}{5}$

   d. $\frac{2}{3}$ _____ $\frac{11}{15}$

   e. $\frac{3}{4}$ _____ $\frac{11}{12}$

   f. $\frac{7}{3}$ _____ $\frac{7}{4}$

   g. $1\frac{1}{3}$ _____ $1\frac{2}{9}$

   h. $1\frac{2}{3}$ _____ $1\frac{4}{7}$

EUREKA MATH®

Lección 14:   Encontrar unidades o cantidades de unidades comunes para comparar dos fracciones.

© 2019 Great Minds®. eureka-math.org

101

6. Timmy hizo el dibujo de la derecha y dice que $\frac{2}{3}$ es menor que $\frac{7}{12}$. Evan dice que cree que $\frac{2}{3}$ es mayor que $\frac{7}{12}$. ¿Quién tiene la razón? Justifica tu respuesta con un dibujo.

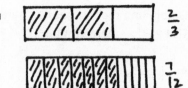

102   Lección 14:   Encontrar unidades o cantidades de unidades comunes para comparar dos fracciones.

© 2019 Great Minds®. eureka-math.org

EUREKA MATH

Nombre _____   Fecha _____

1. Dibuja diagramas de cinta para comparar las siguientes fracciones.

$$\frac{2}{5} \qquad \text{_____} \qquad \frac{3}{10}$$

2. Usa una recta numérica para comparar las siguientes fracciones:

$$\frac{4}{3} \qquad \text{_____} \qquad \frac{7}{6}$$

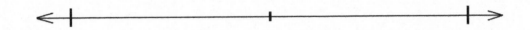

Lección 14:   Encontrar unidades o cantidades de unidades comunes para comparar
dos fracciones.

103

EUREKA MATH®

© 2019 Great Minds®. eureka-math.org

Jamal corrió $\frac{2}{3}$ de milla. Ming corrió $\frac{2}{4}$ de milla. Laina corrió $\frac{7}{12}$ de milla. ¿Quién corrió más? ¿Cuál piensas que es la manera más fácil de encontrar la respuesta a esta pregunta?

_____

_____

_____

_____

Lee   **Dibuja**   **Escribe**

Lección 15:   Encontrar unidades o cantidades de unidades comunes para comparar
                dos fracciones.

© 2019 Great Minds®. eureka-math.org

105

Nombre _____   Fecha _____

1. Dibuja un modelo de área para cada par de fracciones y úsalos para comparar las dos fracciones escribiendo >, < o = en la línea. Los dos primeros están resueltos parcialmente. Cada rectángulo representa 1.

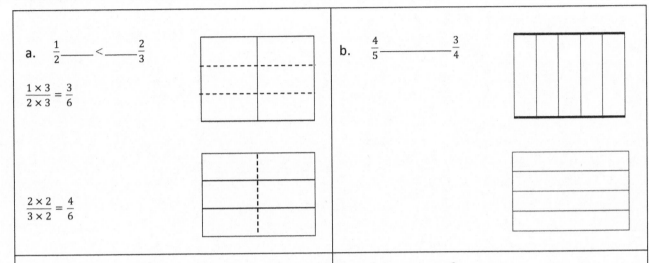

a. $\frac{1}{2}$ _____ < _____ $\frac{2}{3}$

$\frac{1 \times 3}{2 \times 3} = \frac{3}{6}$

$\frac{2 \times 2}{3 \times 2} = \frac{4}{6}$

b. $\frac{4}{5}$ _____ $\frac{3}{4}$

c. $\frac{3}{5}$ _____ $\frac{4}{7}$

d. $\frac{3}{7}$ _____ $\frac{2}{6}$

e. $\frac{5}{8}$ _____ $\frac{6}{9}$

f. $\frac{2}{3}$ _____ $\frac{3}{4}$

Lección 15:   Encontrar unidades o cantidades de unidades comunes para comparar
dos fracciones.

© 2019 Great Minds®. eureka-math.org

107

2. Renombra las fracciones si es necesario, usa la multiplicación para comparar cada par de fracciones escribiendo >, < o =.

    a. $\frac{3}{5}$ _____ $\frac{5}{6}$

    b. $\frac{2}{6}$ _____ $\frac{3}{8}$

    c. $\frac{7}{5}$ _____ $\frac{10}{8}$

    d. $\frac{4}{3}$ _____ $\frac{6}{5}$

3. Usa cualquier método para comparar las fracciones. Registra tu respuesta usando >, <, o =.

    a. $\frac{3}{4}$ _____ $\frac{7}{8}$

    b. $\frac{6}{8}$ _____ $\frac{3}{5}$

    c. $\frac{6}{4}$ _____ $\frac{8}{6}$

    d. $\frac{8}{5}$ _____ $\frac{9}{6}$

Lección 15:   Encontrar unidades o cantidades de unidades comunes para comparar dos fracciones.

EUREKA
MATH®

4. Explica dos maneras que has aprendido para comparar fracciones. Proporciona evidencia usando palabras, imágenes o números.

Lección 15:   Encontrar unidades o cantidades de unidades comunes para comparar dos fracciones.

© 2019 Great Minds®. eureka-math.org

109

Nombre _____   Fecha _____

Dibuja un modelo de área para cada par de fracciones y úsalos para comparar las dos fracciones escribiendo >, < 0 = en la línea.

1. $\dfrac{3}{4}$ _____ $\dfrac{4}{5}$

2. $\dfrac{2}{6}$ _____ $\dfrac{3}{5}$

Lección 15:   Encontrar unidades o cantidades de unidades comunes para comparar dos fracciones.

© 2019 Great Minds®. eureka-math.org

111

Keisha corrió $\frac{5}{6}$ de milla en la mañana y $\frac{2}{3}$ de milla en la tarde. ¿Keisha corrió más en la mañana o en la tarde? Explica.

_____

_____

_____

_____

Lee   **Dibuja**   **Escribe**

Lección 16:   Usar representaciones visuales para sumar y restar dos fracciones con las mismas unidades.

© 2019 Great Minds®. eureka-math.org

113

Nombre _____   Fecha _____

1. Resuelve.

    a.   3 quintos – 1 quinto = _____   b.   5 quintos – 3 quintos = _____

    c.   3 medios – 2 medios = _____   d.   6 cuartos – 3 cuartos = _____

2. Resuelve.

    a. $\dfrac{5}{6} - \dfrac{3}{6}$ b. $\dfrac{6}{8} - \dfrac{4}{8}$

    c. $\dfrac{3}{10} - \dfrac{3}{10}$ d. $\dfrac{5}{5} - \dfrac{4}{5}$

    e. $\dfrac{5}{4} - \dfrac{4}{4}$ f. $\dfrac{5}{4} - \dfrac{3}{4}$

3. Resuelve. Usa un vínculo numérico para mostrar cómo convertir la diferencia en un número mixto. El Problema (a) ya está resuelto.

    a. $\dfrac{12}{8} - \dfrac{3}{8} = \dfrac{9}{8} = 1\dfrac{1}{8}$ b. $\dfrac{12}{6} - \dfrac{5}{6}$

    c. $\dfrac{9}{5} - \dfrac{3}{5}$ d. $\dfrac{14}{8} - \dfrac{3}{8}$

    e. $\dfrac{8}{4} - \dfrac{2}{4}$ f. $\dfrac{15}{10} - \dfrac{3}{10}$

Lección 16:   Usar representaciones visuales para sumar y restar dos fracciones con las mismas unidades.

© 2019 Great Minds®. eureka-math.org

115

4. Resuelve. Escribe la suma en forma de unidades.

   a.   2 cuartos + 1 cuarto = _____   b.   4 quintos + 3 quintos = _____

5. Resuelve.

   a. $\frac{2}{8} + \frac{5}{8}$ b. $\frac{4}{12} + \frac{5}{12}$

6. Resuelve. Usa un vínculo numérico para descomponer la suma. Registra tu respuesta final como un número mixto.
    El Problema (a) ya está resuelto.

   a. $\frac{3}{5} + \frac{4}{5} = \frac{7}{5} = 1\frac{2}{5}$

        $\frac{5}{5} \qquad \frac{2}{5}$

                                                        b. $\frac{4}{4} + \frac{3}{4}$

   c. $\frac{6}{9} + \frac{6}{9}$ d. $\frac{7}{10} + \frac{6}{10}$

   e. $\frac{5}{6} + \frac{7}{6}$ f. $\frac{9}{8} + \frac{5}{8}$

7. Resuelve. Usa una recta numérica para representar tu respuesta.

   a. $\frac{7}{4} - \frac{5}{4}$

   b. $\frac{5}{4} + \frac{2}{4}$

Lección 16:   Usar representaciones visuales para sumar y restar dos fracciones con las
                                    mismas unidades.

EUREKA
MATH

Nombre _____   Fecha _____

1. Resuelve. Usa un vínculo numérico **para** descomponer la diferencia. Registra tu respuesta final como un número mixto.

$$\frac{16}{9} - \frac{5}{9}$$

2. Resuelve. Usa un vínculo numérico **para** descomponer la suma. Registra tu respuesta final como un número mixto.

$$\frac{5}{12} + \frac{10}{12}$$

Lección 16:   Usar representaciones visuales para sumar y restar dos fracciones con las mismas unidades.

© 2019 Great Minds®. eureka-math.org

117

Nombre _____   Fecha _____

rectas numéricas en blanco

Lección 16:   Usar representaciones visuales para sumar y restar dos fracciones con las mismas unidades.

© 2019 Great Minds®. eureka-math.org

119

Usa un vínculo numérico para mostrar la relación entre $\frac{2}{6}$, $\frac{3}{6}$, y $\frac{5}{6}$. Luego, usa las fracciones para escribir dos enunciados de suma y dos de resta.

Lee   **Dibuja**   **Escribe**

Lección 17: Usar representaciones visuales para sumar y restar dos fracciones con las mismas unidades, incluyendo restar de un entero.

121

© 2019 Great Minds®. eureka-math.org

EUREKA
MATH®

Nombre _____   Fecha _____

1. Usa las siguientes tres fracciones para escribir dos enunciados numéricos de resta y dos de suma.

a. $\frac{8}{5}, \frac{2}{5}, \frac{10}{5}$	b. $\frac{15}{8}, \frac{7}{8}, \frac{8}{8}$

2. Resuelve. Representa cada problema de resta con una recta numérica y resuelve contando y restando. El inciso (a) ya está resuelto.

a. $1 - \frac{3}{4}$

 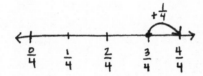

$$\frac{4}{4} - \frac{3}{4} = \frac{1}{4}$$

b. $1 - \frac{8}{10}$

c. $1 - \frac{3}{5}$

d. $1 - \frac{5}{8}$

e. $1\frac{2}{10} - \frac{7}{10}$

f. $1\frac{1}{5} - \frac{3}{5}$

Lección 17:   Usar representaciones visuales para sumar y restar dos fracciones con las mismas unidades, incluyendo restar de un entero.

123

3. Encuentra la diferencia de dos maneras diferentes. Usa vínculos numéricos para descomponer el total. El inciso (a) ya está resuelto.

a. $1\frac{2}{5} - \frac{4}{5}$

$\frac{5}{5} \quad \frac{2}{5}$

$\frac{5}{5} + \frac{2}{5} = \frac{7}{5}$

$\frac{7}{5} - \frac{4}{5} = \boxed{\frac{3}{5}}$

$\frac{5}{5} - \frac{4}{5} = \frac{1}{5}$

$\frac{1}{5} + \frac{2}{5} = \boxed{\frac{3}{5}}$

b. $1\frac{3}{6} - \frac{4}{6}$

c. $1\frac{6}{8} - \frac{7}{8}$

d. $1\frac{1}{10} - \frac{7}{10}$

e. $1\frac{3}{12} - \frac{6}{12}$

Lección 17:   Usar representaciones visuales para sumar y restar dos fracciones con las mismas unidades, incluyendo restar de un entero.

© 2019 Great Minds®. eureka-math.org

EUREKA MATH

Nombre _____   Fecha _____

1. Resuelve. Representa el problema con una recta numérica y resuelve contando y restando.

    $$1 - \frac{2}{5}$$

2. Encuentra la diferencia de dos maneras diferentes. Usa un vínculo numérico para mostrar la descomposición.

    $$1\frac{2}{7} - \frac{5}{7}$$

Lección 17:   Usar representaciones visuales para sumar y restar dos fracciones con las mismas unidades, incluyendo restar de un entero.

© 2019 Great Minds®. eureka-math.org

125

Nombre _____   Fecha _____

Problema A:	$\frac{1}{8}+\frac{3}{8}+\frac{4}{8}$	

Problema B:	$\frac{1}{6}+\frac{4}{6}+\frac{2}{6}$	

Problema C:	$\frac{11}{10}-\frac{4}{10}-\frac{1}{10}$	

Sumar y restar fracciones

Problema D:

$$1 - \frac{3}{12} - \frac{5}{12}$$

Problema E:

$$\frac{5}{8} + \frac{4}{8} + \frac{1}{8}$$

Problema F:

$$1\frac{1}{5} - \frac{2}{5} - \frac{3}{5}$$

Sumar y restar fracciones

Lección 18:   Sumar y restar más de dos fracciones.

EUREKA
MATH®

Nombre _____ Fecha _____

1. Muestra una manera de resolver cada problema. Cuando sea posible, expresa las sumas y restas como un número mixto. Si te ayuda, usa vínculos numéricos. El inciso (a) está resuelto parcialmente.

a. $\frac{2}{5}+\frac{3}{5}+\frac{1}{5}$ $=\frac{5}{5}+\frac{1}{5}=1+\frac{1}{5}$ $=$ ____	b. $\frac{3}{6}+\frac{1}{6}+\frac{3}{6}$	c. $\frac{5}{7}+\frac{7}{7}+\frac{2}{7}$
d. $\frac{7}{8}-\frac{3}{8}-\frac{1}{8}$	e. $\frac{7}{9}+\frac{1}{9}+\frac{4}{9}$	f. $\frac{4}{10}+\frac{11}{10}+\frac{5}{10}$
g. $1-\frac{3}{12}-\frac{4}{12}$	h. $1\frac{2}{3}-\frac{1}{3}-\frac{1}{3}$	i. $\frac{10}{12}+\frac{5}{12}+\frac{2}{12}+\frac{7}{12}$

2. Monica y Stuart usaron diferentes estrategias para resolver $\frac{5}{8} + \frac{2}{8} + \frac{5}{8}$

Estrategia de Mónica

$$\frac{5}{8} + \frac{2}{8} + \frac{5}{8} = \frac{7}{8} + \frac{5}{8} = \frac{8}{8} + \frac{4}{8} = 1\frac{4}{8}$$

$\frac{1}{8}$ $\frac{4}{8}$

Estrategia de Stuart

$$\frac{5}{8} + \frac{2}{8} + \frac{5}{8} = \frac{12}{8} = 1 + \frac{4}{8} = 1\frac{4}{8}$$

$\frac{8}{8}$ $\frac{4}{8}$

¿Qué estrategia te gusta más? ¿Por qué?

3. Tú diste una solución para cada inciso del Problema 1. Ahora, para cada uno de los siguientes problemas, da un método de solución diferente.

1(c) $\frac{5}{7} + \frac{7}{7} + \frac{2}{7}$

1(f) $\frac{4}{10} + \frac{11}{10} + \frac{5}{10}$

1(g) $1 - \frac{3}{12} - \frac{4}{12}$

Lección 18:   Sumar y restar más de dos fracciones.

EUREKA MATH

Nombre _____   Fecha _____

Resuelve los siguientes problemas. Usa vínculos numéricos para ayudarte.

1. $\frac{5}{9} + \frac{2}{9} + \frac{4}{9}$

2. $1 - \frac{5}{8} - \frac{1}{8}$

¡Nos rodean las fracciones! Haz una lista de las veces que has usado fracciones, oído acerca de fracciones o visto fracciones. Prepárate para compartir tus ideas.

_____

_____

_____

_____

Lee   **Dibuja**   **Escribe**

Lección 19:   Resolver problemas escritos que involucran la suma y resta de fracciones.

© 2019 Great Minds®. eureka-math.org

133

Nombre _____   Fecha _____

Usa el proceso LDE para resolver los problemas.

1. Sue corrió $\frac{9}{10}$ de milla el lunes y $\frac{7}{10}$ de milla el martes. ¿Cuántas millas corrió Sue en los 2 días?

2. El Sr. Salazar cortó el pastel de cumpleaños de su hijo en 8 rebanadas iguales. El Sr. Salazar, la Sra. Salazar y el niño del cumpleaños se comieron 1 rebanada de pastel cada uno. ¿Qué fracción del pastel sobró?

3. María gastó $\frac{4}{7}$ de su dinero en un libro y ahorró el resto. ¿Qué fracción de su dinero ahorró María?

Lección 19:   Resolver problemas escritos que involucran la suma y resta de fracciones.

135

© 2019 Great Minds®. eureka-math.org

4. La Sra. Jones tenía $1\frac{4}{8}$ de pizza después de la fiesta. Después de darle algo a Gary, le quedaron $\frac{7}{8}$ de pizza. ¿Qué fracción de una pizza le dio a Gary?

5. Un panadero tenía 2 charolas de pan de maíz. Sirvió $1\frac{1}{4}$ charolas. ¿Qué fracción sobró?

6. Marius combinó $\frac{4}{8}$ de galón de limonada, $\frac{3}{8}$ de galón de jugo de arándanos y $\frac{6}{8}$ de galón de agua mineral para hacer el ponche para una fiesta. ¿Cuántos galones de ponche hizo en total?

EUREKA
MATH®

Nombre _____   Fecha _____

Usa el proceso LDE para resolver los problemas.

1. La Sra. Smith llevó su pájaro al veterinario. Tweety pesó $1\frac{3}{10}$ libras. El veterinario dijo que Tweety pesó $\frac{4}{10}$ de libra más que el año anterior. ¿Cuánto pesó Tweety el año anterior?

2. Hudson recogió $1\frac{1}{4}$ canastas de manzanas. Susy recogió 2 canastas de manzanas. ¿Cuántas canastas de manzanas más recogió Susy que Hudson?

Krista tomó $\frac{3}{16}$ del agua de su botella en la mañana, $\frac{5}{16}$ en la tarde y $\frac{3}{16}$ en la noche. ¿Qué fracción de agua sobró al final del día?

Lee   **Dibuja**   **Escribe**

Lección 20: Usar representaciones visuales para sumar dos fracciones con unidades relacionadas usando los denominadores 2, 3, 4, 5, 6, 8, 10 y 12.

© 2019 Great Minds®. eureka-math.org

139

Nombre _____ Fecha _____

1. Usa un diagrama de cinta para representar cada sumando. Descompón uno de los diagramas de cinta para hacer unidades similares. Luego, escribe el enunciado numérico completo. El inciso (a) está resuelto parcialmente.

a. $\frac{1}{4} + \frac{1}{8}$

b. $\frac{1}{4} + \frac{1}{12}$

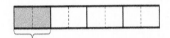

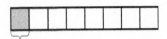

$$\frac{}{8} + \frac{}{8} = \frac{}{8}$$

c. $\frac{2}{6} + \frac{1}{3}$

d. $\frac{1}{2} + \frac{3}{8}$

e. $\frac{3}{10} + \frac{3}{5}$

f. $\frac{2}{3} + \frac{2}{9}$

Lección 20: Usar representaciones visuales para sumar dos fracciones con unidades relacionadas usando los denominadores 2, 3, 4, 5, 6, 8, 10 y 12.

© 2019 Great Minds®. eureka-math.org

141

2. Haz una estimación para determinar si la suma está entre 0 y 1 o entre 1 y 2. Dibuja una recta numérica para representar la suma. Luego, escribe un enunciado numérico completo. El inciso (a) ya está resuelto.

a. $\frac{1}{2} + \frac{1}{4}$

b. $\frac{1}{2} + \frac{4}{10}$

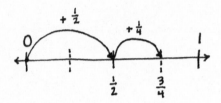

c. $\frac{6}{10} + \frac{1}{2}$

d. $\frac{2}{3} + \frac{3}{6}$

e. $\frac{3}{4} + \frac{6}{8}$

f. $\frac{4}{10} + \frac{6}{5}$

3. Resuelve el siguiente problema de suma sin dibujar una representación. Muestra tu trabajo.

$$\frac{2}{3} + \frac{4}{6}$$

Lección 20:   Usar representaciones visuales para sumar dos fracciones con unidades relacionadas usando los denominadores 2, 3, 4, 5, 6, 8, 10 y 12.

© 2019 Great Minds®. eureka-math.org

EUREKA
MATH®

Nombre _____   Fecha _____

1. Dibuja una recta numérica para representar la suma. Resuelve y, luego, escribe un enunciado numérico completo.

$$\frac{5}{8}+\frac{2}{4}$$

2. Resuelve sin dibujar una representación.

$$\frac{3}{4}+\frac{1}{2}$$

Lección 20:   Usar representaciones visuales para sumar dos fracciones con unidades
relacionadas usando los denominadores 2, 3, 4, 5, 6, 8, 10 y 12.

© 2019 Great Minds®. eureka-math.org

143

Se agregaron dos quintos de litro de sustancia química A a $\frac{7}{10}$ de litro de la sustancia química B para hacer la sustancia química C. ¿Cuántos litros de sustancia química hay?

Lee   **Dibuja**   **Escribe**

Lección 21:   Usar representaciones visuales para sumar dos fracciones con unidades
               relacionadas usando los denominadores 2, 3, 4, 5, 6, 8, 10 y 12.

© 2019 Great Minds®. eureka-math.org

145

Nombre _____   Fecha _____

1. Dibuja un diagrama de cinta para representar cada sumando. Descompón uno de los diagramas de cinta para hacer unidades similares. Luego, escribe un enunciado numérico completo. Usa un vínculo numerico para escribir cada suma como un número mixto.

   a. $\frac{3}{4} + \frac{1}{2}$

   b. $\frac{2}{3} + \frac{3}{6}$

   c. $\frac{5}{6} + \frac{1}{3}$

   d. $\frac{4}{5} + \frac{7}{10}$

2. Dibuja una recta numérica para representar la suma. Luego, escribe un enunciado numérico completo. Usa un vínculo numérico para escribir cada suma como un número mixto.

   a. $\frac{1}{2} + \frac{3}{4}$

   b. $\frac{1}{2} + \frac{6}{8}$

EUREKA MATH®

Lección 21:   Usar representaciones visuales para sumar dos fracciones con unidades relacionadas usando los denominadores 2, 3, 4, 5, 6, 8, 10 y 12.

147

c. $\dfrac{7}{10} + \dfrac{3}{5}$ d. $\dfrac{2}{3} + \dfrac{5}{6}$

3. Resuelve. Escribe la suma como un número mixto. Si es necesario, dibuja una representación.

a. $\dfrac{3}{4} + \dfrac{2}{8}$ b. $\dfrac{4}{6} + \dfrac{1}{2}$

c. $\dfrac{4}{6} + \dfrac{2}{3}$ d. $\dfrac{8}{10} + \dfrac{3}{5}$

e. $\dfrac{5}{8} + \dfrac{3}{4}$ f. $\dfrac{5}{8} + \dfrac{2}{4}$

g. $\dfrac{1}{2} + \dfrac{5}{8}$ h. $\dfrac{3}{10} + \dfrac{4}{5}$

Lección 21:   Usar representaciones visuales para sumar dos fracciones con unidades
relacionadas usando los denominadores 2, 3, 4, 5, 6, 8, 10 y 12.

© 2019 Great Minds®. eureka-math.org

EUREKA
MATH

Nombre _____   Fecha _____

Resuelve. Escriban un enunciado numérico completo. Usa un vínculo numérico para escribir cada suma como un número mixto. Usa una representación si es necesario.

1. $\frac{1}{4} + \frac{7}{8}$

2. $\frac{2}{3} + \frac{7}{12}$

Lección 21:   Usar representaciones visuales para sumar dos fracciones con unidades
relacionadas usando los denominadores 2, 3, 4, 5, 6, 8, 10 y 12.

© 2019 Great Minds®. eureka-math.org

149

Winnie fue de compras y gastó $\frac{2}{5}$ del dinero que había en una tarjeta de regalo. ¿Qué fracción del dinero sobró en la tarjeta? Dibuja una recta numérica y un vínculo numérico para ayudar a mostrar tu razonamiento.

_____

_____

_____

Lee   **Dibuja**   **Escribe**

Lección 22: Sumar una fracción menor que 1 o restar una fracción menor que 1 a un número entero usando la descomposición y representaciones visuales.

© 2019 Great Minds®. eureka-math.org

151

Nombre _____   Fecha _____

1. Dibuja un diagrama de cinta que coincida con cada enunciado numérico. Luego, completa el enunciado numérico.

a. $3 + \frac{1}{3} =$ _____

b. $4 + \frac{3}{4} =$ _____

c. $3 - \frac{1}{4} =$ _____

d. $5 - \frac{2}{5} =$ _____

2. Usa los siguientes tres números para escribir dos enunciados numéricos de resta y dos de suma.

a. $6, 6\frac{3}{8}, \frac{3}{8}$

b. $\frac{4}{7}, 9, 8\frac{3}{7}$

3. Resuelve usando un vínculo numérico. Dibuja una recta numérica para representar cada enunciado numérico. El primer ejercicio ya está resuelto.

a. $4 - \frac{1}{3} = 3\frac{2}{3}$

b. $5 - \frac{2}{3} =$ _____

$4 - \frac{1}{3} = 3\frac{2}{3}$

$3 \quad \frac{3}{3}$

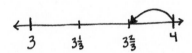

Lección 22:   Sumar una fracción menor que 1 o restar una fracción menor que 1 a un número entero usando la descomposición y representaciones visuales.

© 2019 Great Minds®. eureka-math.org

153

c. $7 - \frac{3}{8} =$ _____

d. $10 - \frac{4}{10} =$ _____

4. Completa los enunciados de resta usando vínculos numéricos.

a. $3 - \frac{1}{10} =$ _____

b. $5 - \frac{3}{4} =$ _____

c. $6 - \frac{5}{8} =$ _____

d. $7 - \frac{3}{9} =$ _____

e. $8 - \frac{6}{10} =$ _____

f. $29 - \frac{9}{12} =$ _____

Lección 22:   Sumar una fracción menor que 1 o restar una fracción menor que 1 a un número entero usando la descomposición y representaciones visuales.

© 2019 Great Minds®. eureka-math.org

EUREKA MATH

Nombre _____   Fecha _____

Completa los enunciados de resta usando vínculos numéricos. Si es necesario, dibuja una representación.

1. $6 - \frac{1}{5} =$ _____

2. $8 - \frac{5}{6} =$ _____

3. $7 - \frac{5}{8} =$ _____

La Sra. Wilcox cortó cuadrados para un edredón y los dividió en 8 montones iguales. Decidió coser 1 montón cada noche. Después de 5 noches, ¿qué fracción de cuadrados del edredón estaban cosidos? Dibuja un diagrama de cinta o una recta numérica para representar tu razonamiento y, luego, escribe un enunciado numérico para expresar tu respuesta.

_____

_____

_____

_____

Lee   Dibuja   Escribe

EUREKA MATH®

Lección 23:   Sumar y multiplicar fracciones unitarias para crear fracciones mayores que 1 usando representaciones visuales.

157

© 2019 Great Minds®. eureka-math.org

Nombre _____   Fecha _____

1. Encierra en un círculo cualquier fracción que sea equivalente a un número entero. Registra el número entero debajo de la fracción.

   a. Cuenta de 1 tercio en 1 tercio. Empieza en 0 tercios. Termina en 6 tercios.

   $\left(\dfrac{0}{3}\right)$, $\dfrac{1}{3}$,

   0

   b. Cuenta de 1 medio en 1 medio. Comienza en 0 medios. Termina en 8 medios.

2. Usa paréntesis para mostrar cómo hacer unidades en el siguiente enunciado numérico.

$$\frac{1}{4} + \frac{1}{4} + \frac{1}{4} + \frac{1}{4} + \frac{1}{4} + \frac{1}{4} + \frac{1}{4} + \frac{1}{4} + \frac{1}{4} + \frac{1}{4} + \frac{1}{4} + \frac{1}{4} = 3$$

3. Multiplica como se muestra a continuación. Dibuja una recta numérica que justifique tu respuesta.

   a. $6 \times \dfrac{1}{3}$

   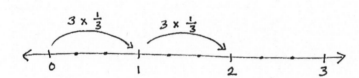

   $$6 \times \frac{1}{3} = 2 \times \frac{3}{3} = 2$$

   b. $6 \times \dfrac{1}{2}$

   c. $12 \times \dfrac{1}{4}$

Lección 23:   Sumar y multiplicar fracciones unitarias para crear fracciones mayores
que 1 usando representaciones visuales.

© 2019 Great Minds®. eureka-math.org

159

4. Multiplica como se muestra a continuación. Escribe el producto como un número mixto. Dibuja una recta numérica que justifique tu respuesta.

   a. 7 copias de 1 tercio.

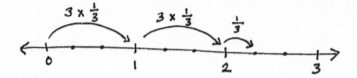

$$7 \times \frac{1}{3} = \left(2 \times \frac{3}{3}\right) + \frac{1}{3} = 2 + \frac{1}{3} = 2\frac{1}{3}$$

   b. 7 copias de 1 medio.

   c. $10 \times \frac{1}{4}$

   d. $14 \times \frac{1}{3}$

Lección 23:   Sumar y multiplicar fracciones unitarias para crear fracciones mayores que 1 usando representaciones visuales.

© 2019 Great Minds®. eureka-math.org

EUREKA
MATH®

Nombre _____ Fecha _____

Multiplica y escribe el producto como un número mixto. Dibuja una recta numérica que justifique tu respuesta.

1. $8 \times \frac{1}{2}$

2. 7 copias de 1 cuarto

3. $13 \times \frac{1}{3}$

Lección 23:   Sumar y multiplicar fracciones unitarias para crear fracciones mayores
que 1 usando representaciones visuales.

© 2019 Great Minds®. eureka-math.org

161

Shelly leyó su libro $\frac{1}{2}$ hora cada tarde durante 9 días. ¿Cuántas horas pasó leyendo Shelly en los 9 días?

_____

_____

_____

_____

Lee   **Dibuja**   **Escribe**

Lección 24:   Descomponer y componer fracciones mayores que 1 para expresarlas
en varias formas.

© 2019 Great Minds®. eureka-math.org

Nombre _____   Fecha _____

1. Renombra cada fracción como un número mixto descomponiéndolas en dos partes como se muestra
    abajo. Representa la descomposición con una recta numérica y un vínculo numérico.

    a. $\frac{11}{3}$

    $$\frac{11}{3} = \frac{9}{3} + \frac{2}{3} = 3 + \frac{2}{3} = 3\frac{2}{3}$$

    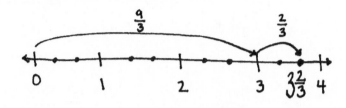

    b. $\frac{12}{5}$

    c. $\frac{13}{2}$

    d. $\frac{15}{4}$

   Lección 24:   Descomponer y componer fracciones mayores que 1 para expresarlas   165
                                en varias formas.

© 2019 Great Minds®. eureka-math.org

2. Convierte cada fracción a un número mixto. Muestra tu trabajo como en el ejemplo. Representa con una recta numérica.

a. $\frac{11}{3}$

$$\frac{11}{3} = \frac{3 \times 3}{3} + \frac{2}{3} = 3 + \frac{2}{3} = 3\frac{2}{3}$$

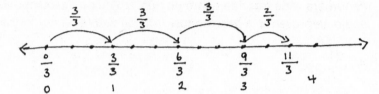

b. $\frac{9}{2}$

c. $\frac{17}{4}$

3. Convierte cada fracción a un número mixto.

a. $\frac{9}{4} =$	b. $\frac{17}{5} =$	c. $\frac{25}{6} =$
d. $\frac{30}{7} =$	e. $\frac{38}{8} =$	f. $\frac{48}{9} =$
g. $\frac{63}{10} =$	h. $\frac{84}{10} =$	i. $\frac{37}{12} =$

EUREKA MATH

Nombre _____   Fecha _____

1. Renombra la fracción como un número mixto descomponiéndola en dos partes. Representa la descomposición con una recta numérica y un vínculo numérico.

$$\frac{17}{5}$$

2. Convierte la fracción a un número mixto. Representa con una recta numérica.

$\frac{19}{3}$

3. Convierte la fracción a un número mixto.

$\frac{11}{4}$

Lección 24:   Descomponer y componer fracciones mayores que 1 para expresarlas en varias formas.

167

© 2019 Great Minds®. eureka-math.org

La Sra. Fowler sabía que el perímetro de una cancha de fútbol era de $\frac{1}{6}$ de milla. Su objetivo era caminar dos millas mientras veía el partido de su hija. Si caminó alrededor de la cancha 13 veces, ¿logró su objetivo? Explica tu razonamiento.

_____

_____

_____

Lee   Dibuja   Escribe

Lección 25:   Descomponer y componer fracciones mayores que 1 para expresarlas
en varias formas.

© 2019 Great Minds®. eureka-math.org

169

Nombre _____ Fecha _____

1. Convierte cada número mixto en una fracción mayor que 1. Dibuja una recta numérica para representar tu trabajo.

   a. $3\frac{1}{4}$

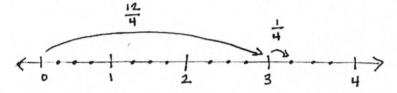

   $3\frac{1}{4} = 3 + \frac{1}{4} = \frac{12}{4} + \frac{1}{4} = \frac{13}{4}$

   b. $2\frac{4}{5}$

   c. $3\frac{5}{8}$

   d. $4\frac{4}{10}$

   e. $4\frac{7}{9}$

Lección 25:   Descomponer y componer fracciones mayores que 1 para expresarlas en varias formas.

© 2019 Great Minds®. eureka-math.org

171

2. Convierte cada número mixto en una fracción mayor que 1. Muestra tu trabajo como en el ejemplo.
    (Nota: $3 \times \frac{4}{4} = \frac{3 \times 4}{4}$.)

    a. $3\frac{3}{4}$

    $$3\frac{3}{4} = 3 + \frac{3}{4} = (3 \times \frac{4}{4}) + \frac{3}{4} = \frac{12}{4} + \frac{3}{4} = \frac{15}{4}$$

    b. $4\frac{1}{3}$

    c. $4\frac{3}{5}$

    d. $4\frac{6}{8}$

3. Convierte cada número mixto en una fracción mayor que 1.

a. $2\frac{3}{4}$	b. $2\frac{2}{5}$	c. $3\frac{3}{6}$
d. $3\frac{3}{8}$	e. $3\frac{1}{10}$	f. $4\frac{3}{8}$
g. $5\frac{2}{3}$	h. $6\frac{1}{2}$	i. $7\frac{3}{10}$

Lección 25:   Descomponer y componer fracciones mayores que 1 para expresarlas
                        en varias formas.

**EUREKA
MATH®**

Nombre _____   Fecha _____

Convierte cada número mixto en una fracción mayor que 1.

1. $3\frac{1}{5}$

2. $2\frac{3}{5}$

3. $4\frac{2}{9}$

Lección 25:   Descomponer y componer fracciones mayores que 1 para expresarlas
en varias formas.

© 2019 Great Minds®. eureka-math.org

173

Bárbara necesitaba $3\frac{1}{4}$ tazas de harina para una receta. Si midió $\frac{1}{4}$ de taza cada vez, ¿cuántas veces tuvo que llenar la taza medidora?

_____

_____

_____

_____

Lee   **Dibuja**   **Escribe**

Lección 26:   Comparar fracciones mayores que 1 razonando y usando fracciones de referencia.

© 2019 Great Minds®. eureka-math.org

175

Nombre _____ Fecha _____

1. a. Grafica los siguientes puntos en la recta numérica sin medir.

   i. $2\frac{7}{8}$ ii. $3\frac{1}{6}$ iii. $\frac{29}{12}$

   b. Usa la recta numérica del Problema 1(a) para comparar las fracciones escribiendo <, > o =.

   i. $\frac{29}{12}$ _____ $2\frac{7}{8}$ ii. $\frac{29}{12}$ _____ $3\frac{1}{6}$

2. a. Grafica los siguientes puntos en la recta numérica sin medir.

   i. $\frac{70}{9}$ ii. $8\frac{2}{4}$ iii. $\frac{25}{3}$

  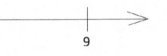

   b. Compara lo siguiente escribiendo >, < o =.

   i. $8\frac{2}{4}$ _____ $\frac{25}{3}$ ii. $\frac{70}{9}$ _____ $8\frac{2}{4}$

   c. Explica cómo graficaste los puntos en el Problema 2(a).

Lección 26:   Comparar fracciones mayores que 1 razonando y usando fracciones de referencia.

177

3. Compara las fracciones proporcionadas abajo escribiendo >, < o =. Da una explicación breve para cada respuesta, mencionando las fracciones de referencia.

a. $5\frac{1}{3}$ _____ $4\frac{3}{4}$

b. $\frac{12}{6}$ _____ $\frac{25}{12}$

c. $\frac{18}{7}$ _____ $\frac{17}{5}$

d. $5\frac{2}{5}$ _____ $5\frac{5}{8}$

e. $6\frac{2}{3}$ _____ $6\frac{3}{7}$

f. $\frac{31}{7}$ _____ $\frac{32}{8}$

g. $\frac{31}{10}$ _____ $\frac{25}{8}$

h. $\frac{39}{12}$ _____ $\frac{19}{6}$

i. $\frac{49}{50}$ _____ $3\frac{90}{100}$

j. $5\frac{5}{12}$ _____ $5\frac{51}{100}$

Comparar fracciones mayores que 1 razonando y usando fracciones de referencia.

EUREKA
MATH®

Nombre _____ Fecha _____

Compara las fracciones proporcionadas abajo escribiendo >, < o =.

Da una explicación breve para cada respuesta, mencionando las fracciones de referencia.

1. $3\frac{2}{3}$ _____ $3\frac{4}{6}$

2. $\frac{12}{3}$ _____ $\frac{27}{7}$

3. $\frac{10}{6}$ _____ $\frac{5}{4}$

4. $3\frac{2}{5}$ _____ $3\frac{3}{10}$

EUREKA MATH®

Lección 26:   Comparar fracciones mayores que 1 razonando y usando fracciones de referencia.

© 2019 Great Minds®. eureka-math.org

179

Jeremy corrió 27 vueltas en una pista que tenía $\frac{1}{8}$ de milla de longitud. Jimmy corrió 15 vueltas en una pista que tenía $\frac{1}{4}$ de milla de longitud. ¿Quién corrió más?

_____

_____

_____

_____

Lee   **Dibuja**   **Escribe**

Lección 27:   Comparar fracciones mayores que 1 creando numeradores o
                denominadores comunes.

181

© 2019 Great Minds®. eureka-math.org

Nombre _____ Fecha _____

1. Dibuja un diagrama de cinta para representar cada comparación. Usa >, < o = para comparar.

   a. $3\frac{2}{3}$ _____ $3\frac{5}{6}$

   b. $3\frac{2}{5}$ _____ $3\frac{6}{10}$

   c. $4\frac{3}{6}$ _____ $4\frac{1}{3}$

   d. $4\frac{5}{8}$ _____ $\frac{19}{4}$

2. Usa un modelo de área para hacer unidades similares. Luego usa >, < o = para comparar.

   a. $2\frac{3}{5}$ _____ $\frac{18}{7}$

   b. $2\frac{3}{8}$ _____ $2\frac{1}{3}$

Lección 27:   Comparar fracciones mayores que 1 creando numeradores o denominadores comunes.

183

EUREKA MATH®

3. comparar cada par de fracciones usando <, > o = o usando cualquier estrategia.

a. $5\frac{3}{4}$ _____ $5\frac{3}{8}$

b. $5\frac{2}{5}$ _____ $5\frac{8}{10}$

c. $5\frac{6}{10}$ _____ $\frac{27}{5}$

d. $5\frac{2}{3}$ _____ $5\frac{9}{15}$

e. $\frac{7}{2}$ _____ $\frac{7}{3}$

f. $\frac{12}{3}$ _____ $\frac{15}{4}$

g. $\frac{22}{5}$ _____ $4\frac{2}{7}$

h. $\frac{21}{4}$ _____ $5\frac{2}{5}$

i. $\frac{29}{8}$ _____ $\frac{11}{3}$

j. $3\frac{3}{4}$ _____ $3\frac{4}{7}$

Lección 27: Comparar fracciones mayores que 1 creando numeradores
o denominadores comunes.

© 2019 Great Minds®. eureka-math.org

EUREKA
MATH®

Nombre _____   Fecha _____

Compara cada par de fracciones usando <, > o = o usando cualquier estrategia.

1. $4\frac{3}{8}$ _____ $4\frac{1}{4}$

2. $3\frac{4}{5}$ _____ $3\frac{9}{10}$

3. $2\frac{1}{3}$ _____ $2\frac{2}{5}$

4. $10\frac{2}{5}$ _____ $10\frac{3}{4}$

Lección 27:   Comparar fracciones mayores que 1 creando numeradores
o denominadores comunes.

© 2019 Great Minds®. eureka-math.org

185

Nombre _____   Fecha _____

1. La tabla de la derecha muestra la distancia que pudieron correr los alumnos de cuarto grado de la Srta. Smith antes de detenerse para un descanso. Crea una gráfica lineal para desplegar los datos de la tabla.

Estudiante	Distancia (en millas)
Joe	$2\frac{1}{2}$
Arianna	$1\frac{3}{4}$
Bobbi	$2\frac{1}{8}$
Morgan	$1\frac{5}{8}$
Jack	$2\frac{5}{8}$
Saisha	$2\frac{1}{4}$
Tyler	$2\frac{2}{4}$
Jenny	$\frac{5}{8}$
Anson	$2\frac{2}{8}$
Chandra	$2\frac{4}{8}$

2. Resuelve cada problema.

   a. ¿Quién corrió una milla más que Jenny?

   b. ¿Quién corrió una milla menos que Jack?

   c. Dos estudiantes corrieron exactamente $2\frac{1}{4}$ millas. Identifica a los estudiantes. ¿Cuántos cuartos de milla corrió cada estudiante?

   d. ¿Cuál es la diferencia, en millas, entre la distancia más larga que corrieron y la más corta?

   e. Compara las distancias corridas por Arriana y Morgan usando <, > o =.

   f. La Srta. Smith corrió el doble de la distancia que Jenny. ¿Cuánto corrió la Srta. Smith? Escribe su distancia como un número mixto.

   g. El Sr. Reynolds corrió $1\frac{3}{10}$ millas. Usa <, > o = para comparar la distancia que corrió el Sr. Reynolds con la distancia que corrió la Srta. Smith. ¿Quién corrió más?

3. Usando la información de la tabla y en la gráfica lineal, desarrolla y escribe un problema similar a los anteriores. Resuélvelo y luego pídele a tu compañero que lo resuelva. ¿Lo resolvieron de la misma manera? ¿Obtuvieron la misma respuesta?

Nombre _____ Fecha _____

El Sr O'Neil le pidió a sus estudiantes que registraran el tiempo que leían durante el fin de semana. Los tiempos están enumerados en la tabla.

Estudiante	Tiempo total (en horas)
Robín	$\frac{1}{2}$
Bill	1
Katrina	$\frac{3}{4}$
Kelly	$1\frac{3}{4}$
María	$1\frac{1}{2}$
Gail	$2\frac{1}{4}$
Scott	$1\frac{3}{4}$
Ben	$2\frac{2}{4}$

1. Al final de la página, haz una gráfica lineal con los datos.

2. Uno de los estudiantes leyó $\frac{3}{4}$ de hora el viernes, $\frac{3}{4}$ de hora el sábado y $\frac{3}{4}$ de hora el domingo. ¿Cuántas horas leyó el estudiante durante el fin de semana? Nombra al estudiante.

Allison y Jennifer salieron a correr el domingo. Cuando se les preguntó por las distancias, Allison dijo: "Yo corrí $2\frac{7}{8}$ millas esta mañana y $3\frac{3}{8}$ esta tarde. Por lo tanto, corrí un total de cerca de 6 millas" y Jennifer dijo: "Yo corrí $3\frac{1}{10}$ millas esta mañana y $3\frac{3}{10}$ millas esta tarde. Corrí un total de $6\frac{4}{10}$ millas". ¿En qué difieren sus respuestas?

_____

_____

_____

_____

Lee   Dibuja   Escribe

Nombre _____   Fecha _____

1. Calcula aproximadamente cada suma o resta redondeando a la mitad o al número entero más cercano. Explica tu cálculo aproximado usando palabras o una recta numérica.

   a. $2\frac{1}{12} + 1\frac{7}{8} \approx$ _____

   b. $1\frac{11}{12} + 5\frac{3}{4} \approx$ _____

   c. $8\frac{7}{8} - 2\frac{1}{9} \approx$ _____

   d. $6\frac{1}{8} - 2\frac{1}{12} \approx$ _____

   e. $3\frac{3}{8} + 5\frac{1}{9} \approx$ _____

Lección 29:   Estimar sumas y restas usando números de referencia.

193

© 2019 Great Minds®. eureka-math.org

2. Calcula aproximadamente cada suma o resta redondeando a la mitad o al número entero más cercano. Explica tu cálculo aproximado usando palabras o una recta numérica.

   a. $\frac{16}{5} + \frac{11}{4} \approx$ _____

   b. $\frac{17}{3} - \frac{15}{7} \approx$ _____

   c. $\frac{59}{10} + \frac{26}{10} \approx$ _____

3. El cálculo aproximado de Montoya para $8\frac{5}{8} - 2\frac{1}{3}$ fue de 7. El cálculo aproximado de Julio fue de $6\frac{1}{2}$. ¿Cuál de los dos cálculos aproximados crees que esté más cerca de la diferencia real? Explica.

4. Usa los números de referencia o el cálculo mental para calcular aproximadamente la suma o la resta.

a. $14\frac{3}{4} + 29\frac{11}{12}$	b. $3\frac{5}{12} + 54\frac{5}{8}$
c. $17\frac{4}{5} - 8\frac{7}{12}$	d. $\frac{65}{8} - \frac{37}{6}$

EUREKA MATH

Nombre _____ Fecha _____

Calcula aproximadamente cada suma o resta redondeando a la mitad o al número entero más cercano. Explica tu cálculo aproximado usando palabras o una recta numérica.

1. $2\frac{9}{10} + 2\frac{1}{4} \approx$ _____

2. $11\frac{8}{9} - 3\frac{3}{8} \approx$ _____

Lección 29:   Estimar sumas y restas usando números de referencia.

195

© 2019 Great Minds®. eureka-math.org

Una tabla mide 2 metros 70 centímetros. Otra mide 87 centímetros. ¿Cuál es la longitud total de las dos tablas expresada en metros y centímetros?

_____

_____

_____

_____

Lee   Dibuja   Escribe

Nombre _____   Fecha _____

1. Resuelve.

   a. $3\frac{1}{4} + \frac{1}{4}$ b. $7\frac{3}{4} + \frac{1}{4}$

   c. $\frac{3}{8} + 5\frac{2}{8}$ d. $\frac{1}{8} + 6\frac{7}{8}$

2. Completa los vínculos numéricos.

a. $4\frac{7}{8} +$ _____ $= 5$	b. $7\frac{2}{5} +$ _____ $= 8$
c. $3 = 2\frac{1}{6} +$ _____	d. $12 = 11\frac{1}{12} +$ _____

3. Usa un vínculo numérico y el método de la flecha para mostrar cómo hacer uno. Resuelve.

   a. $2\frac{3}{4} + \frac{2}{4}$

        $\frac{1}{4}$ $\frac{1}{4}$

   b. $3\frac{3}{5} + \frac{3}{5}$

4. Resuelve

a. $4\frac{2}{3} + \frac{2}{3}$	b. $3\frac{3}{5} + \frac{4}{5}$
c. $5\frac{4}{6} + \frac{5}{6}$	d. $\frac{7}{8} + 6\frac{4}{8}$
e. $\frac{7}{10} + 7\frac{9}{10}$	f. $9\frac{7}{12} + \frac{11}{12}$
g. $2\frac{70}{100} + \frac{87}{100}$	h. $\frac{50}{100} + 16\frac{78}{100}$

Lección 30:   Sumar un número mixto y una fracción.

EUREKA
MATH®

5. Para resolver $7\frac{9}{10}+\frac{5}{10}$, María pensó en "$7\frac{1}{10} + \frac{4}{10} = 8$ y $8 + \frac{4}{10} = 8\frac{9}{10}$".

Pablo pensó en "$7\frac{9}{10} + \frac{5}{10} = 7\frac{14}{10} = 7 + \frac{10}{10} + \frac{4}{10} = 8\frac{4}{10}$". Explica por qué María y Pablo tienen razón.

Nombre _____   Fecha _____

Resuelve.

1. $3\frac{2}{5} +$ ____ $= 4$

2. $2\frac{3}{8} + \frac{7}{8}$

Marta tiene 2 metros 80 centímetros de tela de algodón y 3 metros 87 centímetros de tela de lino. ¿Cuál es la longitud total de los dos pedazos de tela?

_____

_____

_____

_____

Lee   **Dibuja**   **Escribe**

Nombre _____   Fecha _____

1. Resuelve.

   a. $3\frac{1}{3} + 2\frac{2}{3} = 5 + \frac{3}{3} =$

   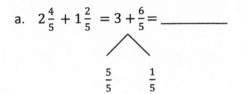

   b. $4\frac{1}{4} + 3\frac{2}{4}$

   c. $2\frac{2}{6} + 6\frac{4}{6}$

2. Resuelve. Usa una recta numérica para mostrar tu trabajo.

   a. $2\frac{4}{5} + 1\frac{2}{5} = 3 + \frac{6}{5} =$ _____

   b. $1\frac{3}{4} + 3\frac{3}{4}$

   c. $3\frac{3}{8} + 2\frac{6}{8}$

3. Resuelve. Usa el método de la flecha para mostrar cómo se hace uno.

   a. $2\frac{4}{6} + 1\frac{5}{6} = 3\frac{4}{6} + \frac{5}{6} =$

   $$\frac{2}{6} \qquad \frac{3}{6}$$

   b. $1\frac{3}{4} + 3\frac{3}{4}$

   c. $3\frac{3}{8} + 2\frac{6}{8}$

4. Resuelve. Usa el método que prefieras.

   a. $1\frac{3}{5} + 3\frac{4}{5}$

   b. $2\frac{6}{8} + 3\frac{7}{8}$

   c. $3\frac{8}{12} + 2\frac{7}{12}$

Lección 31:   Sumar números mixtos.

EUREKA MATH®

Nombre _____   Fecha _____

Resuelve.

1. $2\frac{3}{8} + 1\frac{5}{8}$

2. $3\frac{4}{5} + 2\frac{3}{5}$

Meredith tenía 2 m 65 cm de listón. Usó 87 cm de listón. ¿Cuánto listón le sobró?

Lee   **Dibuja**   **Escribe**

© 2019 Great Minds®. eureka-math.org

Nombre _____   Fecha _____

1. Resta. Representa con una recta numérica o el método de la flecha

   a. $3\frac{3}{4} - \frac{1}{4}$

   b. $4\frac{7}{10} - \frac{3}{10}$

   c. $5\frac{1}{3} - \frac{2}{3}$

   d. $9\frac{3}{5} - \frac{4}{5}$

2. Usa la descomposición para restar las fracciones. Representa con una recta numérica o el método de la flecha.

   a. $5\frac{3}{5} - \frac{4}{5}$

   $\frac{3}{5}$ $\frac{1}{5}$

   b. $4\frac{1}{4} - \frac{2}{4}$

   c. $5\frac{1}{3} - \frac{2}{3}$

   d. $2\frac{3}{8} - \frac{5}{8}$

3. Descompón el total para restar las fracciones.

a. $3\frac{1}{8} - \frac{3}{8} = 2\frac{1}{8} + \frac{5}{8} = 2\frac{6}{8}$

$2\frac{1}{8}$ 1

b. $5\frac{1}{8} - \frac{7}{8}$

c. $5\frac{3}{5} - \frac{4}{5}$

d. $5\frac{4}{6} - \frac{5}{6}$

e. $6\frac{4}{12} - \frac{7}{12}$

f. $9\frac{1}{8} - \frac{5}{8}$

g. $7\frac{1}{6} - \frac{5}{6}$

h. $8\frac{3}{10} - \frac{4}{10}$

i. $12\frac{3}{5} - \frac{4}{5}$

j. $11\frac{2}{6} - \frac{5}{6}$

EUREKA MATH

Nombre _____ Fecha _____

Resuelve.

1. $10\frac{5}{6} - \frac{4}{6}$

2. $8\frac{3}{8} - \frac{6}{8}$

La calabaza de Jeannie pesó 3 kg 250 g en agosto y 4 kg 125 g en octubre. ¿Cuál fue la diferencia en peso de agosto a octubre?

Lee   **Dibuja**   **Escribe**

Nombre _____   Fecha _____

1. Escribe un enunciado de suma relacionado. Resta contando hacia adelante. Para ayudarte, usa una recta numérica o el método de la flecha. El primer problema ya está resuelto.

   a. $3\frac{1}{3} - 1\frac{2}{3} =$ _____

   $1\frac{2}{3} +$ _____ $= 3\frac{1}{3}$

   b. $5\frac{1}{4} - 2\frac{3}{4} =$ _____

2. Resta, como se muestra en el Problema 2(a), descomponiendo la parte fraccionaria del número que estás restando. Para ayudarte, usa una recta numérica o el método de la flecha.

   a. $3\frac{1}{4} - 1\frac{3}{4} = 2\frac{1}{4} - \frac{3}{4} = 1\frac{2}{4}$

   $\frac{1}{4}\quad\frac{2}{4}$

   b. $4\frac{1}{5} - 2\frac{4}{5}$

   c. $5\frac{3}{7} - 3\frac{6}{7}$

3. Resta, como se muestra en el Problema 3(a), descomponiendo para quitar una unidad.

   a. $5\frac{3}{5} - 2\frac{4}{5} = 3\frac{3}{5} - \frac{4}{5}$

   $2\frac{3}{5}$ 1

   b. $4\frac{3}{6} - 3\frac{5}{6}$

   c. $8\frac{3}{10} - 2\frac{7}{10}$

4. Resuelve usando cualquier método.

   a. $6\frac{1}{4} - 3\frac{3}{4}$ b. $5\frac{1}{8} - 2\frac{7}{8}$

   c. $8\frac{3}{12} - 3\frac{8}{12}$ d. $5\frac{1}{100} - 2\frac{97}{100}$

EUREKA
MATH®

Nombre _____ Fecha _____

Resuelve usando cualquier estrategia.

1. $4\frac{2}{3} - 2\frac{1}{3}$

2. $12\frac{5}{8} - 8\frac{7}{8}$

Había $4\frac{1}{8}$ pizzas. Benny tomó $\frac{2}{8}$ de pizza. ¿Cuántas pizzas quedan?

_____

_____

_____

_____

Lee   **Dibuja**   **Escribe**

Nombre _____   Fecha _____

1. Resta.

    a. $4\frac{1}{3} - \frac{2}{3}$

    3          $\frac{4}{3}$

    b. $5\frac{2}{4} - \frac{3}{4}$

    c. $8\frac{3}{5} - \frac{4}{5}$

2. Resta las unidades primero.

    a. $3\frac{1}{4} - 1\frac{3}{4} = 2\frac{1}{4} - \frac{3}{4} = 1\frac{2}{4}$

    1          $\frac{5}{4}$

    b. $4\frac{2}{5} - 1\frac{3}{5}$

c. $5\frac{2}{6} - 3\frac{5}{6}$

d. $9\frac{3}{5} - 2\frac{4}{5}$

3.   Resuelve usando cualquier estrategia.

    a. $7\frac{3}{8} - 2\frac{5}{8}$ b. $6\frac{4}{10} - 3\frac{8}{10}$

    c. $8\frac{3}{12} - 3\frac{8}{12}$ d. $14\frac{2}{50} - 6\frac{43}{50}$

EUREKA MATH

Nombre _____ Fecha _____

Resuelve.

1. $7\frac{1}{6} - 2\frac{4}{6}$

2. $12\frac{5}{8} - 3\frac{7}{8}$

Mary Beth está tejiendo bufandas que tienen 1 metro de largo. Si ella teje 54 centímetros de una bufanda cada noche durante 3 noches, ¿cuántas bufandas completa? ¿Cuánto más necesita para tejer otra bufanda?

_____

_____

_____

Lee   **Dibuja**   **Escribe**

Lección 35:   Representar la multiplicación de *n* por *a/b* como (*n* × *a*)/*b* usando la propiedad
              asociativa y representaciones visuales.

© 2019 Great Minds®. eureka-math.org

Nombre _____   Fecha _____

1. Dibuja y marca un diagrama de cinta para mostrar que las siguientes expresiones son verdaderas.

   a. 8 quintos = 4 × (2 quintos) = (4 × 2) quintos

   b. 10 sextos = 5 × (2 sextos) = (5 × 2) sextos

2. Escribe la expresión en forma de unidades para resolver.

   a. $7 \times \frac{2}{3}$

   b. $4 \times \frac{2}{4}$

   c. $16 \times \frac{3}{8}$

   d. $6 \times \frac{5}{8}$

Lección 35:   Representar la multiplicación de *n* por *a/b* como *(n × a)/b* usando la propiedad
              asociativa y representaciones visuales.

© 2019 Great Minds®. eureka-math.org

231

3. Resuelve.

   a. $7 \times \frac{4}{9}$

   b. $6 \times \frac{3}{5}$

   c. $8 \times \frac{3}{4}$

   d. $16 \times \frac{3}{8}$

   e. $12 \times \frac{7}{10}$

   f. $3 \times \frac{54}{100}$

4. María necesita $\frac{3}{5}$ de yarda de tela para cada disfraz. ¿Cuántas yardas de tela necesita para 6 disfraces?

Lección 35:   Representar la multiplicación de *n* por *a/b* como *(n × a)/b* usando la propiedad asociativa y representaciones visuales.

EUREKA MATH®

Nombre _____   Fecha _____

1. Resuelve usando la forma de unidades.

$5 \times \frac{2}{3}$

2. Resuelve.

$11 \times \frac{5}{6}$

Lección 35:   Representar la multiplicación de *n* por *a/b* como *(n × a)/b* usando la propiedad
asociativa y representaciones visuales.

233

© 2019 Great Minds®. eureka-math.org

Rhonda hizo ejercicio durante $\frac{5}{6}$ de hora todos los días por 5 días. ¿Cuántas horas en total se ejercitó Rhonda?

_____

_____

_____

_____

Lee   **Dibuja**   **Escribe**

EUREKA MATH

Lección 36:   Representar la multiplicación de *n* por *a/b* como (*n* × *a*)/*b* usando la propiedad asociativa y representaciones visuales.

© 2019 Great Minds®. eureka-math.org

235

Nombre _____   Fecha _____

1. Dibuja un diagrama de cinta para representar

    $\frac{3}{4} + \frac{3}{4} + \frac{3}{4} + \frac{3}{4}$.

2. Dibuja un diagrama de cinta para representar

    $\frac{7}{12} + \frac{7}{12} + \frac{7}{12}$.

    Escribe una expresión de multiplicación que sea igual a

    $\frac{3}{4} + \frac{3}{4} + \frac{3}{4} + \frac{3}{4}$.

    Escribe una expresión de multiplicación que sea igual a

    $\frac{7}{12} + \frac{7}{12} + \frac{7}{12}$.

3. Vuelve a escribir cada problema de suma repetida como un problema de multiplicación y resuélvelo. Expresa el resultado como un número mixto. El primer ejemplo ya está resuelto.

    a. $\frac{7}{5} + \frac{7}{5} + \frac{7}{5} + \frac{7}{5} = 4 \times \frac{7}{5} = \frac{4 \times 7}{5} =$

    b. $\frac{9}{10} + \frac{9}{10} + \frac{9}{10}$

    c. $\frac{11}{12} + \frac{11}{12} + \frac{11}{12} + \frac{11}{12} + \frac{11}{12}$

Lección 36:   Representar la multiplicación de *n* por *a/b* como (*n* × *a*)/*b* usando la propiedad asociativa y representaciones visuales.

237

© 2019 Great Minds®. eureka-math.org

4. Resuelve usando cualquier método. Expresa tus respuestas como números enteros o mixtos.

    a. $8 \times \frac{2}{3}$

    b. $12 \times \frac{3}{4}$

    c. $50 \times \frac{4}{5}$

    d. $26 \times \frac{7}{8}$

5. Morgan vertió $\frac{9}{10}$ de litro de ponche en 6 frascos. ¿Cuántos litros de ponche vertió en total?

6. Una receta pide $\frac{3}{4}$ de taza de arroz. ¿Cuántas tazas de arroz se necesitan para hacer la receta 14 veces?

7. Un carnicero preparó 120 salchichas usando $\frac{3}{8}$ de libra de carne para cada una. ¿Cuántas libras de carne usó en total?

Lección 36: Representar la multiplicación de _n_ por _a/b_ como (_n_ × _a_)/_b_ usando la propiedad asociativa y representaciones visuales.

© 2019 Great Minds®. eureka-math.org

EUREKA MATH

Nombre _____   Fecha _____

Resuelve usando cualquier método.

1. $7 \times \frac{3}{4}$

2. $9 \times \frac{2}{5}$

3. $60 \times \frac{5}{8}$

Lección 36: Representar la multiplicación de *n* por *a/b* como (*n* × *a*)/*b* usando la propiedad asociativa y representaciones visuales.

El panadero necesita $\frac{5}{8}$ de taza de pasas para hacer 1 lote de galletas. ¿Cuántas tazas de pasas necesita para hacer 7 lotes de galletas?

_____

_____

_____

_____

Lee   **Dibuja**   **Escribe**

Lección 37:   Encontrar el producto de un número entero y un número mixto usando la propiedad distributiva.

© 2019 Great Minds®. eureka-math.org

241

Nombre _____ Fecha _____

1. Dibuja diagramas de cinta para mostrar las dos maneras de representar 2 unidades de $4\frac{2}{3}$.

   Escribe una expresión de multiplicación que coincida con cada diagrama de cinta.

2. Resuelve lo siguiente usando la propiedad distributiva. El primer ejercicio ya está resuelto. (En cuanto estés listo, puedes omitir el paso que está en la línea 2).

a. $3 \times 6\frac{4}{5} = 3 \times \left(6 + \frac{4}{5}\right)$ $\quad = (3 \times 6) + \left(3 \times \frac{4}{5}\right)$ $\quad = 18 + \frac{12}{5}$ $\quad = 18 + 2\frac{2}{5}$ $\quad = 20\frac{2}{5}$	b. $2 \times 4\frac{2}{3}$
c. $3 \times 2\frac{5}{8}$	d. $2 \times 4\frac{7}{10}$

Lección 37: Encontrar el producto de un número entero y un número mixto usando la propiedad distributiva.

243

EUREKA
MATH®

e. $3 \times 7\frac{3}{4}$	f. $6 \times 3\frac{1}{2}$
g. $4 \times 9\frac{1}{5}$	h. $5\frac{6}{8} \times 4$

3. Para un traje de baile, Saisha necesita $4\frac{2}{3}$ pies de listón. ¿Cuánto listón necesita para 5 trajes iguales?

Lección 37:   Encontrar el producto de un número entero y un número mixto usando la propiedad distributiva.

© 2019 Great Minds®. eureka-math.org

EUREKA MATH

Nombre _____   Fecha _____

Multiplica. Escribe cada producto como un número mixto.

1. $4 \times 5\frac{3}{8}$

2. $4\frac{3}{10} \times 3$

Lección 37:   Encontrar el producto de un número entero y un número mixto usando
la propiedad distributiva.

© 2019 Great Minds®. eureka-math.org

245

Ocho estudiantes están en el equipo de relevos. Cada uno corre $1\frac{3}{4}$ kilómetros. ¿Cuántos kilómetros en total corre el equipo?

Lee   **Dibuja**   **Escribe**

Lección 38:   Encontrar el producto de un número entero y un número mixto usando la propiedad distributiva.

© 2019 Great Minds®. eureka-math.org

247

Nombre _____   Fecha _____

1. Llena los factores desconocidos.

a. $7 \times 3\frac{4}{5} = (\underline{\hspace{1cm}} \times 3) + (\underline{\hspace{1cm}} \times \frac{4}{5})$

b. $3 \times 12\frac{7}{8} = (3 \times \underline{\hspace{1cm}}) + (3 \times \underline{\hspace{1cm}})$

2. Multiplica. Usa la propiedad distributiva.

a. $7 \times 8\frac{2}{5}$

b. $4\frac{5}{6} \times 9$

c. $3 \times 8\frac{11}{12}$

d. $5 \times 20\frac{8}{10}$

Lección 38:   Encontrar el producto de un número entero y un número mixto usando
la propiedad distributiva.

© 2019 Great Minds®. eureka-math.org

249

e. $25\frac{4}{100} \times 4$

3. La distancia alrededor del parque es de $2\frac{5}{10}$ millas. Cecilia corrió alrededor del parque 3 veces. ¿Qué distancia corrió?

4. Windsor, el perro, se comió $4\frac{3}{4}$ huesos cada día durante una semana. ¿Cuántos huesos se comió Windsor esa semana?

Lección 38:   Encontrar el producto de un número entero y un número mixto usando la propiedad distributiva.

EUREKA MATH®

Nombre _____ Fecha _____

1. Llena los factores desconocidos.

$$8 \times 5\frac{2}{3} = (\underline{\quad} \times 5) + (\underline{\quad} \times \frac{2}{3})$$

2. Multiplica. Usa la propiedad distributiva.

$$6\frac{5}{8} \times 7$$

Lección 38: Encontrar el producto de un número entero y un número mixto usando
la propiedad distributiva.

251

© 2019 Great Minds®. eureka-math.org

Nombre _____   Fecha _____

Usa el proceso LDE para resolver.

1. Tameka corrió $2\frac{5}{8}$ millas. Su hermana corrió dos veces más lejos. ¿Qué distancia corrió la hermana de Tameka?

2. La escultura de Natasha medía $5\frac{3}{16}$ pulgadas de alto. La de Maya era 4 veces más alta. ¿Cuánto más corta era la escultura de Natasha que la de Maya?

3. Una costurera necesita $1\frac{5}{8}$ yardas de tela para hacer un vestido de niña. Necesita 3 veces más tela para hacer un vestido de mujer. ¿Cuántas yardas de tela necesita para ambos vestidos?

   Lección 39:   Resolver problemas escritos de comparación multiplicativa que involucran   253
fracciones.

© 2019 Great Minds®. eureka-math.org

4. Un pedazo de estambre azul mide $5\frac{2}{3}$ yardas de largo. Un pedazo de estambre rosa es 5 veces más largo que el estambre azul. Bailey los amarró con un nudo y usó $\frac{1}{3}$ de yarda de cada pedazo de estambre. ¿Cuál es la longitud total del estambre amarrado?

5. El conductor de un camión manejó $35\frac{2}{10}$ millas antes de detenerse para desayunar. Después manejó 5 veces más lejos antes de detenerse para comer. ¿Qué distancia manejó ese día antes de su hora de comida?

6. La motocicleta del Sr. Washington necesita $5\frac{5}{10}$ galones de gasolina para llenar el tanque. Para llenar su camioneta necesita 5 veces más gasolina. Si el Sr. Washington paga $3 por galón de gasolina, ¿cuánto le costaría llenar los tanques de la motocicleta y de la camioneta?

Lección 39:   Resolver problemas escritos de comparación multiplicativa que involucran fracciones.

© 2019 Great Minds®. eureka-math.org

EUREKA
MATH®

Nombre _____   Fecha _____

Usa el proceso LDE para resolver.

Jeff tiene diez paquetes que necesita enviar por correo. Nueve paquetes idénticos pesan $2\frac{7}{8}$ libras cada uno. El décimo paquete pesa dos veces más que uno de los otros paquetes. ¿Cuántas libras pesan los diez paquetes?

Lección 39:   Resolver problemas escritos de comparación multiplicativa que involucran fracciones.

© 2019 Great Minds®. eureka-math.org

255

Nombre _____   Fecha _____

1. La tabla de la derecha muestra las estaturas de algunos jugadores de futbol.

   a. Usa los datos de la tabla para crear una gráfica de línea y responder las preguntas.

   b. ¿Cuál es la diferencia en la estatura del jugador más alto y el más bajo?

   c. El Jugador I y el Jugador B tienen una estatura combinada que es $1\frac{1}{8}$ pies más alta que un camión escolar. ¿Cuál es la altura del camión escolar?

Jugador	Estatura (en pies)
A	$6\frac{1}{4}$
B	$5\frac{7}{8}$
C	$6\frac{1}{2}$
D	$6\frac{1}{4}$
E	$6\frac{2}{8}$
F	$5\frac{7}{8}$
F	$6\frac{1}{8}$
H	$6\frac{5}{8}$
I	$5\frac{6}{8}$
J	$6\frac{1}{8}$

Lección 40: Resolver problemas escritos que involucran multiplicación de un número entero y una fracción, incluyendo aquellos que involucran gráficas líneales.

257

© 2019 Great Minds®. eureka-math.org

EUREKA MATH®

2. Uno de los jugadores en el equipo es ahora 4 veces más alto que al nacer, cuando medía $1\frac{5}{8}$ pies. ¿Quién es el jugador?

3. Seis de los jugadores del equipo pesan más de 300 libras. Los doctores recomiendas que los jugadores con este peso tomen al menos $3\frac{3}{4}$ cuartos de galón de agua cada día. ¿Al menos qué cantidad de agua deben consumir al día los 6 jugadores?

4. Nueve de los jugadores en el equipo pesan alrededor de 200 libras. Los doctores recomiendan que personas con este peso coman cada uno cerca de $3\frac{7}{10}$ gramos de carbohidratos por libra cada día. ¿Aproximadamente cuántos gramos combinados de carbohidratos por libra deben comer estos 9 jugadores cada día?

Lección 40:   Resolver problemas escritos que involucran multiplicación de un número entero y una fracción, incluyendo aquellos que involucran gráficas líneales.

EUREKA MATH

Nombre _____   Fecha _____

El entrenador Taylor le pidió a su equipo que registraran la distancia que corren durante la práctica. Las distancias están escritas en la tabla.

1. Usa la tabla para localizar la información incorrecta en la gráfica de línea. Encierra en un círculo cualquier punto incorrecto.

    Marca los puntos que faltan.

    ### Distancia corrida durante la práctica

    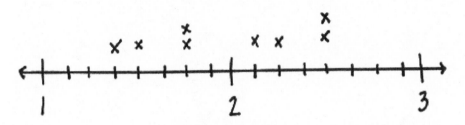

    Distancia (en millas)

    x = 1 miembro del equipo

2. De los miembros del equipo que corrieron $1\frac{6}{8}$ millas, ¿cuántas millas combinadas corrieron esos miembros del equipo?

Miembros del equipo	Distancia (en millas)
Alec	$1\frac{3}{4}$
Enrique	$1\frac{1}{2}$
Carlos	$2\frac{1}{8}$
Steve	$1\frac{3}{4}$
Pitch	$2\frac{2}{4}$
Raj	$1\frac{6}{8}$
Pam	$2\frac{1}{2}$
Tony	$1\frac{3}{8}$

EUREKA MATH®

Lección 40:   Resolver problemas escritos que involucran multiplicación de un número entero y una fracción, incluyendo aquellos que involucran gráficas líneales.

259

La cadena de papel de Jackie era 5 veces más larga que la de Sammy, la cual medía $2\frac{75}{100}$ metros. ¿Cuál era la longitud total de las dos cadenas?

_____

_____

_____

_____

Lee   **Dibuja**   **Escribe**

EUREKA
MATH®

Lección 41:   Encontrar y usar un patrón para calcular la suma de todos los términos
fraccionarios entre 0 y 1. Compartir y criticar las estrategias de los compañeros.

© 2019 Great Minds®. eureka-math.org

261

Nombre _____   Fecha _____

1. Encuentra las sumas.

   a. $\frac{0}{3} + \frac{1}{3} + \frac{2}{3} + \frac{3}{3}$

   b. $\frac{0}{4} + \frac{1}{4} + \frac{2}{4} + \frac{3}{4} + \frac{4}{4}$

   c. $\frac{0}{5} + \frac{1}{5} + \frac{2}{5} + \frac{3}{5} + \frac{4}{5} + \frac{5}{5}$

   d. $\frac{0}{6} + \frac{1}{6} + \frac{2}{6} + \frac{3}{6} + \frac{4}{6} + \frac{5}{6} + \frac{6}{6}$

   e. $\frac{0}{7} + \frac{1}{7} + \frac{2}{7} + \frac{3}{7} + \frac{4}{7} + \frac{5}{7} + \frac{6}{7} + \frac{7}{7}$

   f. $\frac{0}{8} + \frac{1}{8} + \frac{2}{8} + \frac{3}{8} + \frac{4}{8} + \frac{5}{8} + \frac{6}{8} + \frac{7}{8} + \frac{8}{8}$

2. Describe un patrón que hayas notado al sumar las sumas de las fracciones con denominadores pares en comparación con aquellas con denominadores impares.

3. ¿Cómo cambiarían las sumas si la suma empezara con la fracción unitaria en vez de con 0?

Lección 41:   Encontrar y usar un patrón para calcular la suma de todos los términos
fraccionarios entre 0 y 1. Compartir y criticar las estrategias de los compañeros.

© 2019 Great Minds®. eureka-math.org

263

4. Encuentra las sumas.

a. $\frac{0}{10} + \frac{1}{10} + \frac{2}{10} + ... + \frac{10}{10}$

b. $\frac{0}{12} + \frac{1}{12} + \frac{2}{12} + ... + \frac{12}{12}$

c. $\frac{0}{15} + \frac{1}{15} + \frac{2}{15} + ... + \frac{15}{15}$

d. $\frac{0}{25} + \frac{1}{25} + \frac{2}{25} + ... + \frac{25}{25}$

e. $\frac{0}{50} + \frac{1}{50} + \frac{2}{50} + ... + \frac{50}{50}$

f. $\frac{0}{100} + \frac{1}{100} + \frac{2}{100} + ... + \frac{100}{100}$

5. Compara tu estrategia para encontrar las sumas en los Problemas 4(d), 4(e) y 4(f) con un compañero.

6. ¿Cómo puedes aplicar esta estrategia para encontrar la suma de todos los números enteros de 0 a 100?

Lección 41: Encontrar y usar un patrón para calcular la suma de todos los términos fraccionarios entre 0 y 1. Compartir y criticar las estrategias de los compañeros.

EUREKA MATH

Nombre _____ Fecha _____

Encuentra las sumas.

1. $\frac{0}{20} + \frac{1}{20} + \frac{2}{20} + \angle + \frac{20}{20}$

2. $\frac{0}{200} + \frac{1}{200} + \frac{2}{200} + \angle + \frac{200}{200}$

Lección 41: Encontrar y usar un patrón para calcular la suma de todos los términos fraccionarios entre 0 y 1. Compartir y criticar las estrategias de los compañeros.

265

© 2019 Great Minds®. eureka-math.org

Créditos

Great Minds® ha hecho todos los esfuerzos para obtener permisos para la reimpresión de todo el material protegido por derechos de autor. Si algún propietario de material sujeto a derechos de autor no ha sido mencionado, favor ponerse en contacto con Great Minds para su debida mención en todas las ediciones y reimpresiones futuras.